"十三五"江苏省高等学校重点教材(编号：2020-2-263)

U0162532

给排水工程CAD

主 编 王晓燕 高 将 郭 扬

 南京大学出版社

图书在版编目(CIP)数据

给排水工程 CAD / 王晓燕，高将，郭扬主编. —南京：南京大学出版社，2022.8
ISBN 978 - 7 - 305 - 25208 - 2

Ⅰ.①给…　Ⅱ.①王…②高…③郭…　Ⅲ.①给排水系统－建筑设计－计算机辅助设计－AutoCAD 软件　Ⅳ.①TU991.02-39

中国版本图书馆 CIP 数据核字(2021)第 248242 号

出版发行　南京大学出版社
社　　址　南京市汉口路 22 号　　　　邮　编　210093
出 版 人　金鑫荣

书　　名　**给排水工程 CAD**
主　　编　王晓燕　高　将　郭　扬
责任编辑　朱彦霖　　　　　　　编辑热线　025 - 83592315
照　　排　南京开卷文化传媒有限公司
印　　刷　南京人民印刷厂有限责任公司
开　　本　787 mm×1092 mm　1/16　印张 18.5　字数 495 千
版　　次　2022 年 8 月第 1 版　2022 年 8 月第 1 次印刷
ISBN 978 - 7 - 305 - 25208 - 2
定　　价　49.80 元

网　　址：http://www.njupco.com
官方微博：http://weibo.com/njupco
微信服务号：njuyuexue
销售咨询热线：(025)83594756

＊版权所有，侵权必究
＊凡购买南大版图书，如有印装质量问题，请与所购
　图书销售部门联系调换

前　言

AutoCAD 是 Autodesk 公司开发的计算机辅助绘图和设计软件,广泛应用于建筑、机械、电子、航天、造船、化工、纺织等行业。AutoCAD 软件版本不断升级优化,给用户带来方便和快捷的体验,已经成为国内外最受欢迎的辅助绘图设计软件。

AutoCAD 是工程技术人员必备的核心工作技能,CAD 证书是学生在校期间应该取得的"1+X"证书之一,因此快速掌握 AutoCAD 软件并学以致用非常重要。

本教材由高校教师和设计院工程师共同打造,系统地介绍了 AutoCAD 的工作界面、绘图环境设置、绘图命令、编辑命令、精确绘图工具、文字和表格、块与属性块制作、尺寸标注、打印输出和工程设计实例等内容。每一章均配有视频演示操作过程,章节后有相关的实训练习,易错部分用"小提示"提醒,并在第 11 章和 12 章结合工程设计实例将设计过程通过视频呈现。读者学习时,可以先通过每章的图形练习掌握基本命令,然后在 11 章和 12 章综合提升绘图能力,实现与设计岗位的对接。

本书由江苏建筑职业技术学院王晓燕、高将、郭扬主编;江苏建筑职业技术学院安淑女教授主审。江苏建筑职业技术学院王晓燕编写第 1 章、第 2 章、第 10 章、第 11 章,中国矿业大学工程咨询研究院(江苏)有限公司王洪光编写第 3 章、第 4 章,中建安装集团有限公司王勤虎编写第 5 章、第 9 章,厚石建筑设计(上海)有限公司朱金凤编写第 6 章,江苏建筑职业技术学院郭扬编写第 7 章、第 8 章、江苏建筑职业技术学院高将编写第 12 章。视频制作由王晓燕和高将完成,全书由王晓燕负责统稿。本书编写过程中参考了一些书籍,在此向有关编著者表示衷心的感谢。

由于编者水平有限,书中如有疏漏和差错之处,敬请广大读者批评指正。

前 言

目　录

立体化资源目录

第一章
AutoCAD 绘图入门

【能力目标】

1. 设置符合自己要求的 AutoCAD 的工作界面。

2. 熟悉图形文件的管理与保存。

【知识目标】

1. 熟悉 AutoCAD 的工作界面。

2. 掌握图形文件的创建、打开与保存等操作。

3. 掌握存储低版本 AutoCAD 文件的方法。

4. 掌握工作界面外观的设置方法。

5. 获取帮助。

CAD(Computer Aided Design)是指计算机辅助设计,AutoCAD 是 Autodesk 公司发布的绘图设计软件,用户使用该软件可以将设计方案规范地用图纸表达出来,人机交互的友好界面和绘图准确度帮助设计人员提高了工作效率。

AutoCAD 的
启动和工作界面

1.1 启动 AutoCAD

AutoCAD 的常用启动方法有以下两种:

1. 用鼠标直接双击桌面快捷图标 AutoCAD 安装后会在桌面上生成一个快捷方式,双击它即可启动 AutoCAD。

2. 单击【开始】菜单,选择【所有程序】→【Autodesk】→【AutoCAD2021—Simplified Chinese】→【AutoCAD2021】

启动 AutoCAD2021 后首先显示"开始"窗口,如图 1-1 所示。通过该窗口可以打开文件,打开最近使用文档、查看通知以及连接等操作,此外也可以单击【开始绘制】进入绘制新图形工作界面。如图 1-2 所示。

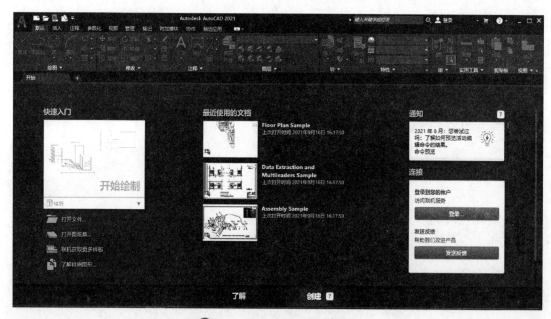

图 1-1 AutoCAD 的开始界面

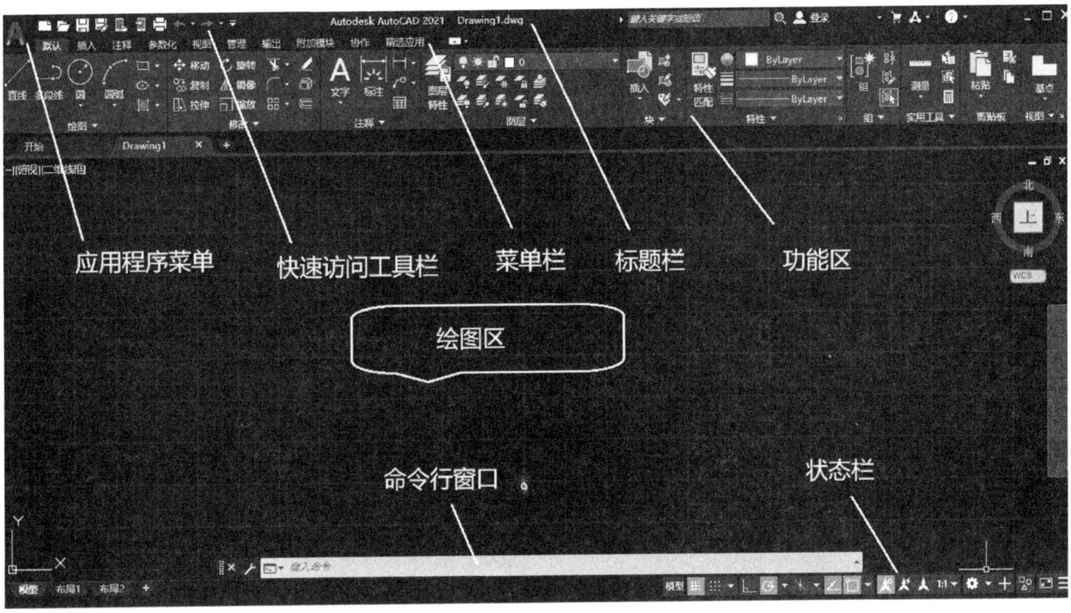

图 1-2　AutoCAD 的工作界面

（图中标注文字：应用程序菜单　快速访问工具栏　菜单栏　标题栏　功能区　绘图区　命令行窗口　状态栏）

1.2　AutoCAD 的工作界面

AutoCAD 的工作界面主要包括应用程序菜单、快速访问工具栏、标题栏、菜单栏与功能区、绘图区、命令行窗口和状态栏，如图 1-2 所示。下面依次介绍其功能。

1.2.1　应用程序菜单

在应用程序菜单中可以搜索命令，访问常用工具。单击界面左上方的"应用程序"按钮[A]，弹出应用程序菜单，如图 1-3 所示。应用程序菜单包含新建、打开、保存、另存为、输出、打印等命令，右侧是"最近使用的文档"。将鼠标置于"最近使用的文档"文档名称上，可以快速预览最近打开过的 CAD 文件内容。

1.2.2　快速访问工具栏

快速访问工具栏位于工作界面的左上方，它包含了文档操作常用的 9 个快捷按钮和一个黑色三角箭头[▼]，9 个快捷按钮依次为新建、打开、保存、另存为、从 Web 和 Mobile 中打开、保存到 Web 和 Mobile、打印、放弃和重做命令，如图 1-4 所示。

图 1-3　应用程序菜单

图 1-4　快速访问工具栏按钮

单击"快速访问工具栏"右侧的黑色三角箭头 ，可以打开"自定义快速访问工具栏"，如图 1-5 所示。在展开菜单中选择某一命令，就可以将该命令添加至快速访问工具栏，点击"更多命令"，还可以添加更多的命令按钮。

> **一小提示**
>
> 注意图 1-5 倒数第二行的"显示菜单栏"，选中以后前面出现对号，就会在原有的菜单栏上方出现另一行菜单，如图 1-7 所示。这行菜单的下拉菜单几乎涵盖了所有的 AutoCAD 命令，方便查找。

▶ 1.2.3　标题栏

如同其他 Windows 窗口一样，标题栏显示当前运行的 AutoCAD 的版本，右端是"最大化""最大化（还原）"和"关闭"按钮。当图形窗口最大化时，标题栏还显示当前正在处理的图形文件的名称及完整的路径，如图 1-6 所示。

图 1-5　自定义快速访问工具栏

图 1-6　标题栏

▶ 1.2.4　菜单栏与功能区

菜单栏与功能区有两种调用命令的方法，一个是 AutoCAD 提供的主要操作命令菜单，即功能区，主要有默认、插入、注释、参数化、视图、管理、输出、附加模块、协作、精选应用等内容；另一个菜单需要单击快速访问工具栏右侧的黑色三角箭头 ，打开工作空间列表框，点击下面倒数第二行"显示菜单栏"，就可以打开另一行菜单，也称下拉菜单，如图 1-7 所示。

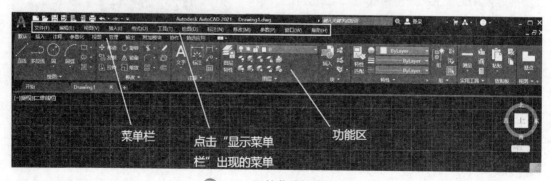

图 1-7　下拉菜单与功能区

1. 菜单栏

AutoCAD 的下拉菜单一般包括文件、编辑、视图、插入、格式、工具、绘图、标注、修改、参数、窗口和帮助等菜单。单击打开某个下拉菜单，就能选择需要的命令，例如可以打开如图1-8所示的"格式"下拉菜单，方便快捷地找到各种有关格式的设置方法。

图1-8　"格式"下拉菜单及图层工具子菜单

如果菜单项后面跟有符号"…"的，表示选中该菜单项时将会弹出一个对话框。菜单项右边有黑色三角符号" ▸ "的，表示该菜单项有一个子菜单。把光标放在该菜单项上，然后单击或稍停留一会儿就可引出子菜单。

每个菜单项后面还带有一个带括号的字母，称为热键字母。用户可使用热键打开下拉菜单里的命令。例如，打开"格式"菜单中的"图层工具"，其方法是先按住<Alt>键，然后输入"格式"菜单名称中括号内的字母"O"，打开"格式"下拉菜单，再按图层工具的字母"O"，注意操作过程中要一直按住<Alt>键，即可打开"图层工具"的子菜单。

2. 功能区

功能区的显示内容对应菜单栏，一般绘图时为"默认"菜单，包括了常用的"绘图""修改""注释""图层""块""特性""组""实用工具""剪贴板"和"视图"等功能。后期需要输入文字或标注尺寸时，可以点击菜单"注释"，功能区显示的内容就是文字和尺寸标注的相关功能，以此类推，可以将需要的功能通过点击不同菜单，显示在功能区。

▮▶ 1.2.5 工具栏

工具栏内是各种工具按钮,是调用命令的另一种方式。在 AutoCAD 中打开下拉菜单【工具】→【工具栏】→【AutoCAD】,即可打开 AutoCAD 中的工具栏子菜单。工具栏中包含有已经定义好的"CAD 标准""图层""绘图""查询""标注""视图缩放"等 20 多个工具栏。用户还可以定义自己的工具栏,如图 1-9 所示。

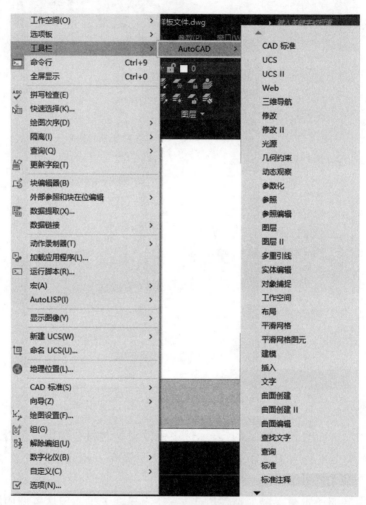

图 1-9 AutoCAD 工具栏

使用工具栏只需单击相应的图标按钮即可。例如要保存文件,只要单击"标准"工具栏中的"保存"图标。另外,对于初学者而言,一下子接触如此多的图标按钮,如果不清楚其功能,可以把光标停在图标上一段时间后,光标右下角会弹出提示框,显示该图标按钮所对应的命令。

用户还可以根据自己的需要,任意变动工具栏的位置和形状。这只要把鼠标指针移动到工具栏的标题或者其端部两条突起的直线上,拖动到适当的位置松开鼠标左键,就可以把工具栏拖到新的位置。

如果要调整工具栏的形状，先将光标移到工具栏的边缘上，当光标变成双向箭头时，按住鼠标左键拖动。

用户也可以打开一个工具栏，或者关闭不再使用工具栏，其方法有：

（1）将光标移到一个工具栏的任意位置，右击鼠标，将出现快捷菜单，菜单项前面有勾号，表示该工具栏已打开，单击勾号就可以关闭这个菜单项；反之，如果在前面没有勾号的选项前单击，就可以打开相应的工具栏。

（2）如果工具栏有完整标题，其右上角有叉号，点击叉号就可以关闭该工具条。

1.2.6　绘图区

绘图区也叫绘图窗口，是用户绘制和修改图形并观察的区域。

在绘图区显示用户使用的坐标系，用以标明原点及 X、Y、Z 三个方向。系统默认的是世界坐标系（WCS），该坐标系始终在绘图窗口的左下角。如果用户重新设置了坐标原点或坐标轴的方向，坐标系就变成了用户坐标系（UCS）。

初始打开 AutoCAD 软件，绘图区显示为黑色背景，还有网格即栅格，点击状态行"栅格"按钮，可以关闭栅格，再次点击"栅格"按钮，就又重新打开栅格，绘图时一般关闭栅格，如图 1-10 所示。

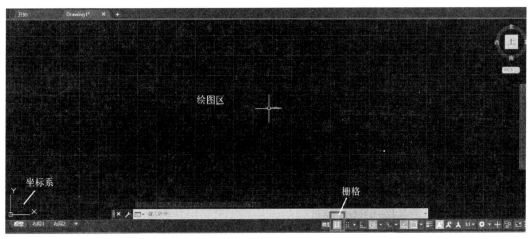

图 1-10　绘图区

1.2.7　命令行窗口

命令行窗口位于绘图窗口的底部，是用户输入命令的地方，同时也是 AutoCAD 显示提示信息的窗口。不执行任何命令时，命令行窗口显示的是"键入命令"状态。命令执行过程中，命令行窗口会给出不同的提示，让用户执行相应的操作；如果用户要中途停止一个命令，只需按<Esc>键取消该命令，回到"键入命令"状态，如图 1-11 所示。

图 1-11　AutoCAD 命令行窗口

命令行窗口还可以显示前面执行过的命令,单击其右边的按钮 ⬆,以前执行过的命令就会按顺序显示出来。另外,按<F2>功能键,也可查看以前执行的命令。

命令行窗口的高度是可以调整的,方法是把光标放到窗口边缘,当光标变成双向箭头时,按住鼠标左键拖动,可改变窗口的大小。

▐▶ 1.2.8 状态栏

状态栏位于屏幕的最右下方,用来显示 AutoCAD 当前的状态,如是否使用栅格和捕捉,是否使用正交和极轴,切换工作空间等,如图 1-12 所示。

图 1-12 AutoCAD 状态栏

AutoCAD 2021 对状态栏进行了改进,单击状态栏最右侧的 ☰,在弹出的选项菜单上可以显示或者关闭状态栏的一些选项,如图 1-13 所示。在选项前打钩可以显示,不打钩则不显示。

1.3 工作界面的设置

在默认情况下,一般无需对工作界面进行切换,但是由于用户的绘图习惯不同,在绘图前都会进行一些设置,当用户打开别人设置的工作界面,需要了解如何恢复到自己习惯的工作界面。

▐▶ 1.3.1 工作空间的切换

AutoCAD 提供了三种工作空间,即"草图与注释""三维基础""三维建模"空间模式,"草图与注释"是默认的工作空间。

切换工作空间,可以点击状态栏 ⚙▾,可以打开如图 1-14 所示的菜单,选择工作空间。

图 1-13 Auto CAD 状态栏自定义按钮 ☰

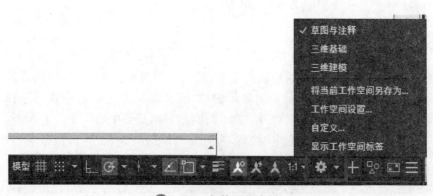

图 1-14 切换工作空间

1.3.2 "选项"对话框

大部分绘图界面的设置，可以使用"选项"对话框完成。点击鼠标右键快捷菜单或"工具"下拉菜单最下方的"选项"，可以打开"选项"对话框，如图 1 - 15 所示，可以设置工作界面的背景颜色、设置存盘间隔时间、调整十字光标的大小、设置右键菜单内容、调整夹点颜色、拾取框大小等等。

图 1 - 15 "选项"对话框

下面将对"选项"对话框中的各选项卡进行说明。

（1）文件：该选项卡用于确定系统搜索支持文件、驱动程序文件、菜单文件和其他文件。

（2）显示：该选项卡用于设置窗口元素、布局元素、显示精度、显示性能、十字光标大小和参照编辑的颜色等参数，可以更改绘图窗口的背景颜色。

（3）打开和保存：该选项卡用于设置系统保存文件类型、自动保存文件的时间及维护日志等参数。

（4）打印和发布：该选项卡用于设置打印输出设备。

（5）系统：该选项卡用于设置三维图形的显示特性、定点设备以及常规等参数。

（6）用户系统配置：该选项卡用于设置系统的相关选项，其中包括"Window 标准操作""插入比例""超链接""坐标数据输入的优先级""关联标注"等参数。

（7）绘图：该选项卡用于设置绘图对象的相关操作，例如"自动捕捉""捕捉标记大小""AutoTrack 设置"以及"靶框大小"等参数。

（8）三维建模：该选项卡用于创建三维图形时的参数设置，包括"三维十字光标""三维对象""视口显示工具"以及"三维导航"等参数。

（9）选择集：该选项卡用于设置与对象选项相关的特性，例如"拾取框大小""夹点尺寸""选择集模式""夹点颜色""预览"以及"功能区选项"等参数。

（10）配置：该选项卡用于设置系统配置文件的创建、重命名、删除、输入、输出以及配置等参数。

1.3.3　绘图区背景色设置

点击下拉菜单栏的"工具"，找到"选项"命令，点击"选项"，打开选项对话框，如图 1 - 16 所示，在"显示"选项卡中点击"颜色"按钮，打开图形窗口颜色对话框，可以设置绘图区的颜色，点击"白"然后点击"应用并关闭"就可以将绘图区背景设置为白色。

图 1 - 16　绘图区背景色设置

1.3.4　十字光标大小设置

点击下拉菜单栏的"工具"，找到"选项"命令，点击"选项"，打开选项对话框，在"显示"选项卡中找到"十字光标大小"，如图 1 - 17 所示，拖动滑块改变十字光标的大小。还可以通过"选项对话框"中的"选择集"选项卡调整十字光标中心靶框的大小，如图 1 - 18 所示。

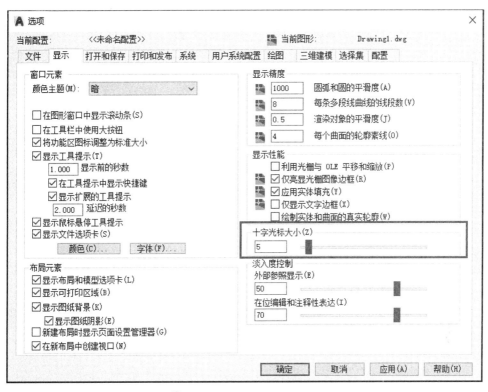

图 1-17 十字光标大小设置

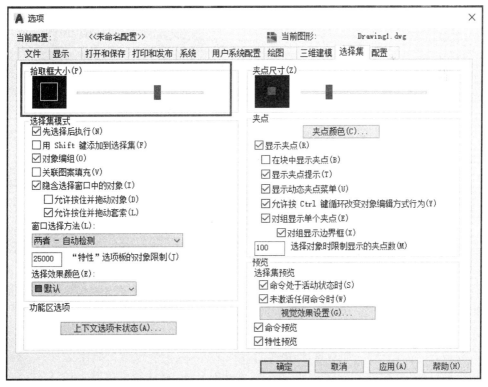

图 1-18 十字光标中心靶框大小设置

1.4 文件管理

AutoCAD 中文件管理包括创建新的图形文件、打开已存在的图形文件以及保存文件等操作。

1.4.1 新建图形文件

创建一个新的图形文件,可以有以下几种方式:

快速访问工具栏:【标准】→新建![]

下拉菜单:【文件】→新建

应用程序菜单:新建→图形

命令:NEW ↙

快捷键:<Ctrl>+<N>

命令输入后,弹出【选择样板】对话框,如图 1-19 所示。

图 1-19 "选择样板"对话框

对话框的左边是"文件位置"列表,中间是"文件列表"区,列出了当前文件夹或驱动器下的文件夹和文件。

选择对应的样板文件,然后单击打开,就可以以对应的样板为模板建立新图形。样板文件的后缀为.dwt,一般选择 acadiso.dwt 为样板文件,这个样板为公制单位 mm。打开样板绘制图形以后,再存盘时应存储为后缀是.dwg 的文件,默认就是存储.dwg 文件,也可在图 1-24 对话框中"文件类型"中选择。

▮▶ 1.4.2 打开已有的图形文件

如果要打开已存盘的图形文件,使用【打开】命令。命令的输入方式:

快速访问工具栏:【标准】→打开 📂

下拉菜单:【文件】→打开

应用程序菜单:打开→图形

命令:OPEN↙

快捷键:\<Ctrl\>＋\<O\>

命令输入后,弹出【选择文件】对话框,选定文件后单击"打开"按钮,即打开所选的图形文件。

另外,AutoCAD 可以同时打开多个文件,其操作如下:

在【选择文件】对话框一次选择多个文件,若是选择顺序排列的多个文件,可按住鼠标左键拖动选择文件;也可先按住\<Shift\>键,然后按向上或向下的方向键。若是选择非顺序排列的文件,可按住\<Ctrl\>键,再单击要打开的文件。选择文件后,单击"打开"文件,多个文件被依次打开。

打开的多个文件中,只有一个是当前激活的文件,其标题栏显色。另外,点击菜单栏的【窗口】菜单,弹出如图 1-20 所示菜单,可以看到打开的文件列表,文件名前打钩的文件即为当前的激活文件。

打开的多个文件的显示方式可以根据用户的需要改变,分别点击上述菜单的"层叠(C)""水平平铺(H)"和"垂直平铺(T)",多个文件的显示形式分别如图 1-21、1-22、1-23 所示,打开的文件多于三个,则水平平铺和垂直平铺的效果基本相同。

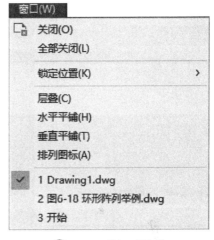

图 1-20 "窗口"菜单

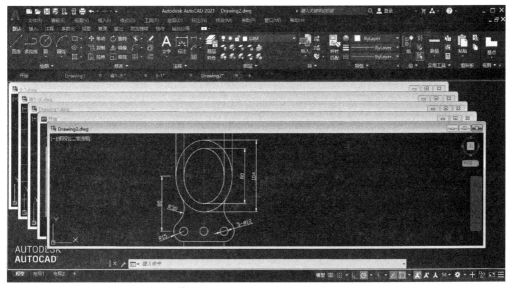

图 1-21 多个文件的层叠显示

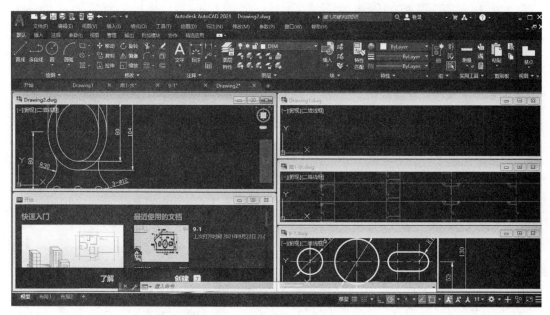

图 1 – 22　多个文件的水平平铺显示

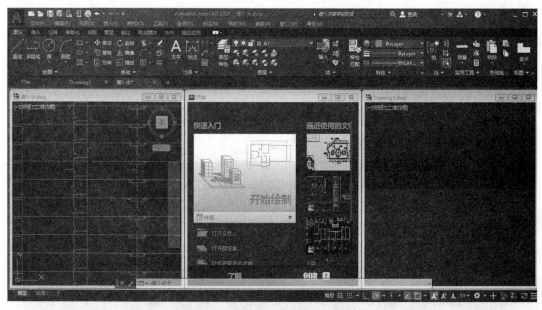

图 1 – 23　多个文件的垂直平铺显示

▐▶ 1.4.3　文件存盘

在绘图过程中,或者绘图结束后,如果要保存绘图内容,就要保存图形文件。新图形文件第一次存盘,命令如下:

快速访问工具栏:【标准】→保存💾

下拉菜单:【文件】→保存

应用程序菜单:保存

命令:SAVE↙

快捷键:＜Ctrl＞＋＜S＞

也可以用"另存为"命令存盘,命令如下

快速访问工具栏:【标准】→另存为📇

下拉菜单:【文件】→另存为

应用程序菜单:另存为

命令:SAVEAS↙

命令输入后,弹出【图形另存为】对话框。在"文件名"文字框中键入文件的名字,单击"保存"按钮即可。

如果要将已有的文件改名或存盘到别的地址,用"另存为"命令,打开对话框,修改文件名和存储地址即可,如图1-24所示。

图1-24　"另存为"对话框中"文件类型"将图形文件可存为低版本格式

小提示

AutoCAD2021 默认的文件存储类型是 AutoCAD2018 图形,根据 AutoCAD 软件版本的兼容性,用这种格式存盘后再打开这个文件只能用 AutoCAD 2018 版本或者更高的版本。如果用户需要在早期 AutoCAD 版本中打开该文件,建议存盘时将文件存成低版本格式,具体操作如下:存盘时,在"图形另存为"对话框中的"文件类型"处点击右侧 ∨,打开文件存储类型,选择低版本,则可以将 AutoCAD 文件存为低版本格式,如图 1-24 所示。

图形文件命名保存后,如果继续绘图,不换名保存,则可采用快速保存,点击保存 💾 即可。

用户在绘图过程中总是过一段时间才能保存文件,如果在两次保存间隙出现意外,如突然停电,可能导致没有存盘而丢失部分操作。为此,AutoCAD 给用户提供了自动存盘功能。用户可以通过以下方式设定自动存盘。打开"选项"对话框,选择"打开与保存"选项卡,在"文件安全措施"栏选中"自动保存",并在"保存间隔分钟数"中输入自动存盘间隔时间即可,如图 1-25 所示。

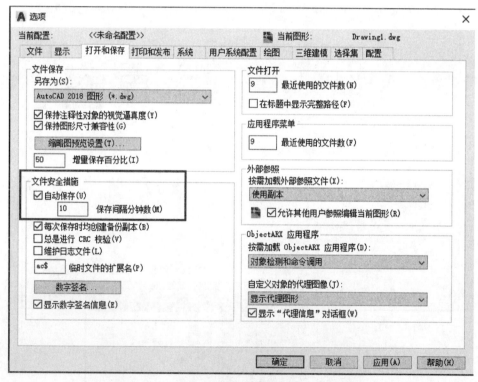

图 1-25 "选项"对话框中设置文件自动保存时间

1.4.4 文件的关闭

AutoCAD 每打开一个图形都要占用一定的内存,对于不再需要打开的文件,应及时将其

关闭以释放内存,提高系统速度。关闭当前图形文件的常用方式就是单击文件窗口右上角的叉号![×],也可以用命令输入方式:

命令:CLOSE↙

如果要快速关闭已经打开的所有文件,则可以使用【全部关闭】命令,输入方式为:

命令:CLOSEALL↙

1.5　帮　助

初学者在练习过程往往会遇到一些问题,熟练用户也需要更深入地了解 AutoCAD 的功能及使用方法,这些都可以通过 AutoCAD 的帮助系统实现。

命令输入方式为:

命令:HELP↙

下拉菜单:【帮助】→帮助

功能键:<F1>

命令输入后,弹出【帮助】窗口,在对话框中有视频详细说明各种命令的具体使用方法。如果要快速找到相应的命令,可以搜索选项,在指定位置输入查找主题的关键字,回车后显示相应的主题,单击即可显示该文档的内容。如图 1-26 所示,搜索框输入"块"后找到的相关词条。

图 1-26　"帮助"对话框

思考与练习

1-1 启动 AutoCAD,熟悉其界面。

1-2 自定文件名及存储路径,创建 4 个图形文件,练习同时打开多文档后的显示方式。

1-3 在每个文档中绘制一定的图形,遇到困难查找 AutoCAD 的帮助。

1-4 打开一个图形文件,然后将文件另存为 AutoCAD2013 版本格式。

1-5 设置工作界面背景色为白色。

1-6 设置并改变十字光标的大小。

 作业小提示

1-1 AutoCAD 的工作界面主要包括应用程序菜单、快速访问工具栏、标题栏、菜单栏与功能区、绘图区、命令行窗口和状态栏。注意打开下拉菜单的方法哦。

1-2 打开多个文档后,如果想全部显示出来要点击"窗口"下拉菜单→层叠(或水平平铺或垂直平铺),选中其中一个文件点击最大化,则工作界面又恢复到只显示当前文件的状态。

1-3 查找不懂的某个命令或操作,可以在"帮助"对话框的搜索栏中,输入该命令或者近似的描述,帮助栏就会出现相关命令的解释和操作方法。

1-4 当你用高版本的 AutoCAD 软件绘制的图形,在另外一台安装低版本 AutoCAD 的电脑上打不开时,请仔细阅读图 1-19 下面的小提示,将文件在高版本 AutoCAD 的那台电脑上存储为更低版本的图形,然后就可以在安装低版本 AutoCAD 的电脑打开该文件了。

第二章
命令调用与数据输入

【能力目标】

1. 会使用键盘和鼠标输入命令。

2. 能正确输入数值和数据。

【知识目标】

1. 掌握键盘输入命令的方法。

2. 掌握鼠标输入命令的方法和滚轮的作用。

3. 掌握右键菜单的使用方法。

4. 了解图形单位的设置方法。

5. 掌握数据的输入方法。

AutoCAD 绘图时,必须正确地输入各种命令和数据。本章主要介绍命令调用和数据输入方法。

2.1 命令调用

▶ 2.1.1 输入设备

AutoCAD 中输入命令的常用设备有键盘、鼠标。

通过键盘输入命令并回车执行,命令执行过程有些提示也要通过键盘输入给予应答。另外,一些菜单和子菜单项也可以通过一些热键启动。

> **一小提示**
>
> AutoCAD 软件很多命令有快捷输入方式,开始绘图时尽量使用快捷方式,这样一边用键盘输入快捷命令,一边用鼠标绘图,绘图效率就提高了。快捷命令可以网上搜索,也可以参考下拉菜单中每个命令后面小括号中的字母或操作指示。

鼠标一般左键为拾取键,右键为回车键,中间的滚轮非常有用,滚动滚轮可以放大和缩小图形,双击滚轮相当于对图形进行范围缩放,会把所有图形调到当前的屏幕中并显示到所有图形的最大状态。按住鼠标滚轮不松手,移动鼠标,就会拖动图形到其他位置。

当鼠标处于菜单、工具栏时,显示的是一个箭头,鼠标左键点击菜单或工具栏可以实现相应的操作。

当鼠标处于绘图区内时,AutoCAD 的光标为"十"字线形,鼠标在绘图区左击或拖动可以选择拾取对象,选择对象后鼠标右击就可以弹出相应的右键快捷菜单,在菜单的相应命令处左击,可以进行下一步操作。

鼠标的右键菜单出现与否由【选项】对话框中的"用户系统配置"控制。打开【选项】对话框的方法:

(1)鼠标在绘图区域不选择任何对象时右击,就会出现如图 2-1 所示的右键快捷菜单,最下面有个"选项",点击"选项",就可以打开"选项对话框"如图 2-3 所示。

(2)点击"工具"下拉菜单,如图 2-2 所示,在菜单最下方找到"选项"以后左键点击,也可以打开图 2-3 所示的"选项对话框"。

选项对话框有很多选项卡,其中"用户系统配置"选项卡如图 2-4 所示。其中 Windows 栏

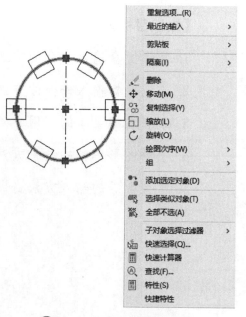

图2-1 鼠标的右键快捷菜单

中,如果勾选"绘图区域中使用快捷菜单",则可以打开"自定义右键单击(I)…"对话框,如图2-5所示,对右键菜单的内容进行选择。例如选中"打开计时右键单击(T)"复选框后单击"应用并关闭"按钮,再单击【选项】对话框中的"确定"按钮。此时定义的鼠标右键单击的功能是:快速单击右键相当于按回车键,慢速单击右键显示右键菜单。

　　但是一般不需要对右键菜单进行改动。

图2-2　鼠标右键快捷菜单中的选项

图2-3　下拉菜单"工具"中的"选项"

图 2 - 4 "选项"对话框下的"用户系统配置"选项卡

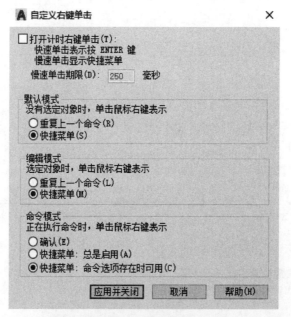

图 2 - 5 "自定义右键单击"对话框

鼠标在绘图区域的"十"字光标及选择对象的拾取框也可以调整其大小,在"选项"对话框中的"绘图"和"选择集"选项卡中可以调整,详见第一章。

小提示

　　AutoCAD绘图中,鼠标的作用很大,中间的滚轮也非常重要,滚动滚轮时以鼠标光标所在的位置为中心可以放大和缩小图形,可以双击滚轮找到所有的图形,也可以按住滚轮对图形进行拖动。

2.1.2 命令调用方法

1. 使用菜单栏

菜单栏是 AutoCAD 提供的最全命令调用方法。点击快速访问工具栏右侧的黑色三角箭头 ▼,打开工作空间列表框,点击显示菜单栏。

2. 使用功能区

功能区的命令调用直观,非常适合初学者。

3. 使用工具栏

工具栏与菜单栏一样不显示在直接打开的工作空间,例如打开"修改"工具栏,需要打开下拉菜单【工具】→【工具栏】→【AutoCAD】→【修改】,显示"修改"工具栏,如图 2-6 所示。

图2-6 "修改"工具栏

4. 由键盘输入命令

在命令提示区显示"键入命令"提示符时,由键盘输入英文命令或其简写字母的快捷命令,按回车执行。执行过程中还要输入对应的选项。这要求操作者对 AutoCAD 的命令十分熟悉。

5. 鼠标右键输入

(1) 光标在工具栏上时右击,可以弹出工具栏列表,从而实现工具栏的打开或关闭;

(2) 光标在绘图区域,未选择对象前右击鼠标,会弹出包括重复上次命令、图形对象的复制、视图缩放等菜单;

(3) 光标在命令执行过程中右击,弹出包含该命令所有选项的菜单,或者是包含"确认""退出""缩放"等选项的菜单。

在执行"直线"命令后鼠标右键菜单,如图 2-7 所示。

右键菜单弹出后,用鼠标左键单击菜单执行命令。

若按住<Shift>键的同时用鼠标单击绘图区,将弹出【对象捕捉与点过滤】的菜单,其功能和【对象捕捉】工具栏相似,但每次弹出只能使用一次,如图 2-7d 所示。

小提示

　　注意<Shift>+鼠标右键会弹出"对象捕捉与点过滤"菜单。

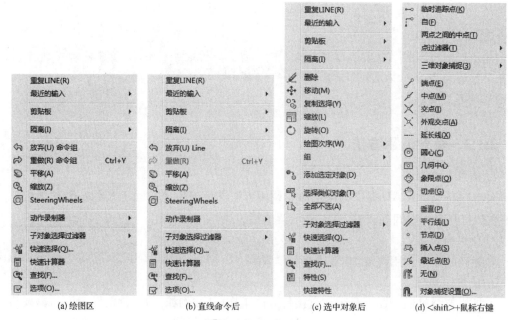

(a) 绘图区　　　(b) 直线命令后　　　(c) 选中对象后　　　(d) <shift>+鼠标右键

图 2-7　右键菜单

▐▶ **2.1.3　执行方式**

要执行某一命令,首先要输入命令,例如画多边形,可以用鼠标点击图标▨,或者键盘输入"polygon"后回车均可,然后按照提示键入参数或命令选项的缩写字母,输入后回车确认。如图 2-8 是输入"多边形"命令后的步骤提示。

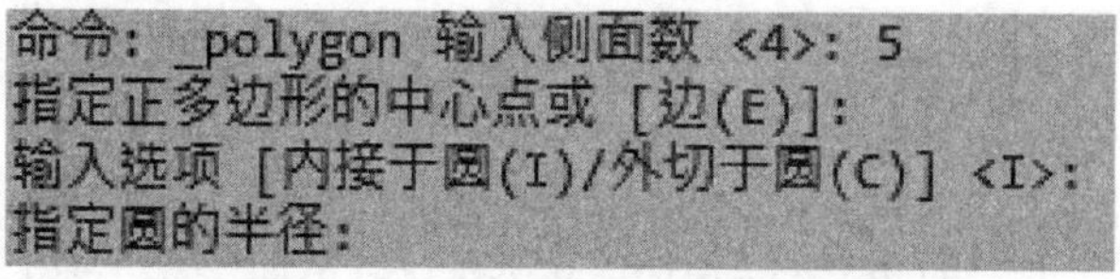

```
命令: _polygon 输入侧面数 <4>: 5
指定正多边形的中心点或 [边(E)]:
输入选项 [内接于圆(I)/外切于圆(C)] <I>:
指定圆的半径:
```

图 2-8　"多边形"命令的输入和提示

提示行中各符号意义表示如下:

"[ ]"前面的内容是 AutoCAD 命令提示的首选项,即首先可执行选项;

"[ ]"里面的内容是 AutoCAD 命令提示的其他并列选项;

"/"是分隔符,分隔并列命令选项;

"( )"里的内容是 AutoCAD 命令提示选项的说明,大写字母是命令提示选项的缩写;

"< >"内为默认值或当前值,若对提示直接回车确认,系统取默认值。

若要中止命令,可按以下任一方法进行:

(1) 从菜单或工具栏调用另一命令,这将自动终止当前正在执行的命令。

(2) 从该命令的右键菜单中选择"确认"或"取消"选项。

(3) 按下<Esc>键,有的命令要按两次。

除了在文字输入的情况,空格键与回车键具有同等的功效,这样可以方便操作。

执行完一个命令后直接回车,可重复执行该命令。

2.1.4 透明命令

透明命令是指在某一命令正在执行期间,可以插入执行另一命令。透明命令一般不需要选择对象、不创建新对象,也不要重生成,执行完成后即回到原命令执行状态,且不影响原命令继续执行。一些绘图辅助命令,如捕捉、正交、栅格、对象捕捉、窗口的缩放、平移等,可以作为透明命令使用。

用户用鼠标单击透明命令按钮时,系统会自动切换到透明命令的状态。如果要从键盘输入透明命令,必须在命令前加一个撇号"'"。

2.2 数据输入

一些 AutoCAD 命令要求输入点、数值或角度,实际绘图时数据的输入方法有多种,下面分别介绍。

2.2.1 设置图形单位

AutoCAD 的图形单位有毫米、厘米、英尺、英寸等十几种。在默认情况下,用十进制进行数值显示,用户也可根据需要自行定义。命令执行方式有两种:

设置图形单位

命令:UNITS↙

菜单:【格式】→单位

命令执行后,弹出如图 2-9 所示的"图形单位"对话框。

【图形单位】对话框各选项的含义如下:

(1)"长度"栏:设置长度测量单位类型和测量的精度。

"类型"下拉列表框中共提供了"分数""工程""建筑""科学""小数"等 5 个选项。

"精度"下拉列表框用于设置当前单位类型的测量单位,单击右边带三角块的按钮,会弹出一个长度测量单位的精度列表,供用户选择。

(2)"角度"栏:设置角度测量单位类型、测量的精度和测量的正方向。

"类型"下拉列表框中共提供了"百分度""度/分/秒""弧度""勘测单位""十进制度数"等 5 种选项。

图 2-9 "图形单位"对话框

"精度"下拉列表框用于设置当前角度单位类型的测量精度。

"顺时针"复选框在默认状态下是未选中的,即逆时针方向为正。如果选择了该选项,则以顺时针方向为正。

(3)"拖放比例"栏:控制从工具选项板或设计中心拖入当前图形的块的测量单位。如果块或图形创建时使用的单位与该选项指定的单位不同,则在插入这些块或图形时,将对其按比例缩放。插入比例是源块或图形使用的单位与目标图形使用的单位之比。如果插入块时不按指定单位缩放,请选择"无单位"。

(4)"输出样例"栏:提供当前计数制和角度制下的样例预览。

(5)"方向"按钮:单击该按钮,将打开如图 2-10 所示的"方向控制"对话框。主要用于设置基准角度即零度角方向。在 AutoCAD 中,零度角方向是相对于用户坐标系的方向,它影响整个角度测量,如角度的显示格式、对象的旋转角度等。缺省时,0°方向为东,即水平指向图形右侧(X 轴正方向),并且按逆时针的转向测量角度。用户可以选择其他的方向,如"北""西"或"南"等。单击"其他"项,用户可以在编辑框中输入 0 角度的方向与 X 轴沿逆时针转向的夹角。单击"角度"按钮,拾取角度作为基准角度。

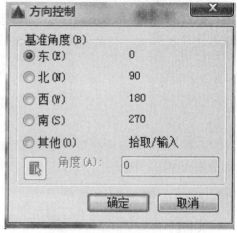

图 2-10 "方向控制"对话框

一小提示

图形单位默认是十进制,单位毫米,工程图纸一般也是以毫米为单位,因此,绘图时不用设置图形单位,这个步骤可以略过。

2.2.2 坐标的输入

二维的点一般用坐标(x,y)表示,点的输入可以用鼠标左键直接在屏幕拾取,也可以用键盘输入点坐标。

坐标与数值的输入

键盘输入点的坐标有三种方式:

1. 相对直角坐标

相对直角坐标是点相对于前一个点在 X 轴与 Y 轴上的距离和方向,输入方法为"@x,y"。一般打开 AutoCAD,默认输入方式就是相对坐标输入。如图 2-11 所示,矩形是用相对直角坐标绘制的,首先用鼠标左键在屏幕上拾取 A 点,然后用相对坐标输入方式依次输入 B、C、D 点,最后与 A 点闭合,就可以绘制一个边长 80×60 的矩形。

一小提示

AutoCAD 规定,所有相对坐标的前面添加一个@号,表示相对于前一个点。但是在动态输入打开的状态下,不用输入@,直接输入 x 增量,然后输入逗号,这时动态输入框中出现一个金色的锁,就把 x 增量锁定了,再输入 y 增量后回车,相对坐标就输入完成了,同时看到命令行数值前自动出现@,如图 2-11、2-12 所示。

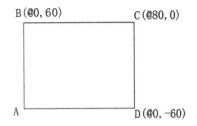

图2-11　相对坐标输入法绘制矩形

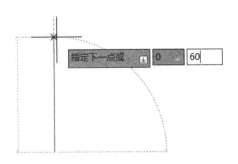

图2-12　动态输入状态下相对坐标输入

2. 相对极坐标

相对极坐标是点相对于前一个点的矢量,输入方法为"@距离<角度"。距离指两点之间的距离,角度指两点的连线与水平轴(X轴正向)的夹角。例如,"@50<30"表示距离前一个点为50个图形单位,角度为与X轴正向夹角30°方向处的点。

如图2-13所示,等边三角形的B点就是用极坐标输入的。首先用光标在屏幕上拾取A点,然后用相对极坐标依次输入B、C点。

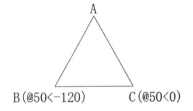

图2-13　相对极坐标输入法绘制三角形

3. 绝对坐标

绝对坐标是点相对于世界坐标系WCS的原点(0,0)在X轴和Y轴上的距离和方向,输入方法为"x,y"。如图2-14所示,三角形是用绝对坐标的方式绘制的,每个顶点的坐标都是相对于原点的。点击直线命令,依次输入A、B、C点的绝对坐标,如果三角形边长或夹角固定,则B、C两个顶点坐标要经过复杂的换算才可以得到,因此一般不用绝对坐标输入法。

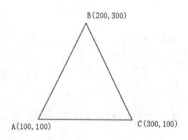

```
命令: _line
指定第一个点: 100,100
指定下一点或 [放弃(U)]: 200,300
指定下一点或 [放弃(U)]: 300,100
指定下一点或 [闭合(C)/放弃(U)]:
```

B(200,300)

A(100,100)   C(300,100)

图 2-14　绝对坐标输入法绘制三角形

----小提示----

绝对坐标是表示相对于坐标原点的位置,输入时要知道每一个点相对于坐标原点的位置,复杂烦琐,所以一般不用这种方法。

坐标以毫米为单位,因此,一般不用设置图形单位,这个步骤可以略过。

2.2.3　数值的输入

在 AutoCAD 中,有些命令的提示要求用数值回答,这些数值有长度、宽度、高度、距离、边长、行数或列数等等。回答的方式有两种:

(1) 从键盘直接键入数值。

(2) 用光标指定两点,两点之间的距离作为输入的数值。这种方式不是对所有的命令都适用,但对适用的情况确实很直观。

数值如果需要给定方向,则默认沿 X、Y 轴正方向为正值,反向为负值。

2.2.3　角度的输入

在 AutoCAD 中,有些命令的提示要求用角度回答。角度的制度与精度由单位命令 UNITS(图形单位)对话框设置。

角度值默认指直线与 X 轴正向的夹角,角度值的正负,由对话框中"角度"选项卡中顺时针是否勾选控制,默认不勾选,则角度数值逆时针方向为正,顺时针方向为负。

角度输入方式有以下几种:

(1) 从键盘直接键入角度数值,逆时针方向为正,顺时针方向为负。

(2) 用光标指定两点,两点的连线与 X 轴正向的夹角作为输入的角度。注意:指定两点时的顺序很重要,起点到终点的方向为连线的方向。

(3) 有时可以输入一点,AutoCAD 认为该点为角的终边上的点。

思考与练习

2-1　用相对直角坐标输入法,绘制一个长度 200,宽度 100 的矩形。

2-2　用相对极坐标输入法,绘制一个边长 150 的等边三角形。

2-3　用绝对极坐标输入法,绘制一个边长 200 的等边三角形。

2-4　用"选项"调整光标的大小及右键菜单,调整后请恢复原状。

第三章
绘图环境设置

【能力目标】

1. 能设置图形界限。

2. 能新建图层并使用图层绘图。

3. 能熟练使用特性匹配格式刷。

【知识目标】

1. 掌握图形界限的设置方法。

2. 掌握图层颜色、线型、线宽的设置与管理。

3. 掌握对象特性的使用。

本章主要介绍绘图环境的设置,包括设置图形界限、图层与对象特性等内容。

设置图形界限

3.1 设置图形界限

在 AutoCAD 中,用户可以直接采用 1∶1 的比例绘图,因此,所有的直线、圆和其他对象都可以以真实大小来绘制。例如,如果一个物体长 3 000 mm,那么它就可以按 3 000 mm 的真实大小来绘制,在需要打印出图时,再将图形按图纸大小进行缩放。图形界限就是根据绘图需要,设置用户的工作区域和图纸的边界。设置绘图界限,可避免用户所绘制的图形超出边界而打印不出来。

图形界限的设置命令是 LIMITS,它可以透明使用。命令执行方式有两种:

命令:LIMITS↙

下拉菜单:【格式】→图形界限

执行以后,系统提示如下:

重新设置模型空间界限:

指定左下角点或[开(ON)/关(OFF)]<0.0000,0.0000>:(输入左下角坐标后回车或键入 ON、OFF 之一后回车)

指定右上角点<420.0000,297.0000>:(输入图纸右上角坐标后回车)

然后点击【视图】→【缩放】→【全部】,图形界限设置才能生效。

选项说明:

(1)开:打开图形界限检查功能。处于该状态时,AutoCAD 将拒绝输入任何位于图形界限外部的点,并有"＊＊超出图形界限"的提示,提醒用户不要将图形绘制到"图纸"外面去。

(2)关:关闭图形界限检查,允许在界限之外绘图,这是 AutoCAD 的默认设置。

(3)指定左下角点:给出界限左下角坐标值,一般为(0,0)。

(4)指定右上角点:指定左下角点,然后输入右上角绝对坐标值或相对坐标值即可决定当前图形界限的大小。实际绘图时,右上角可以按绘制的图形大小,相应的设置右上角坐标,例如绘制建筑施工图时,可以将右上角设置为放大 100 倍的 A1 图纸的尺寸(84 100,59 400)。

🐝一小提示

1.绘图时,通常图形界限处于默认的"off"状态,这样不用担心把图形绘制到图纸外面,所以一般 limits 默认即可,不用设置。

2.特殊情况下如果需要设置 limits,设置图形界限后,应立刻执行【视图】→【缩放】→【全部】,或者双击鼠标中间的滚轮,这样图形界限的设置才会生效。

设置图层

3.2　图　层

图层是 AutoCAD 提供的一个管理图形对象的工具,用户可以根据图层对

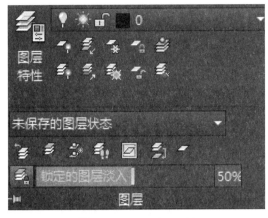

图3-1　"图层"工具栏

图形几何对象、文字、标注等进行归类处理,使用图层来管理它们,不仅能使图形的各种信息清晰、有序,便于观察,而且也会给图形的编辑、修改和输出带来很大的方便。图层功能区工具栏如图3-1所示。

▮▶ 3.2.1　创建图层

AutoCAD 提供了 LAYER 命令进行图层的设置和管理。LAYER 命令可以透明执行,其启动方式如下:

命令:LAYER↙
下拉菜单:【格式】→【图层】

功能区工具栏:【图层】→ 📄

LAYER 命令执行后,将显示如图3-2所示的"图层特性管理器"对话框。

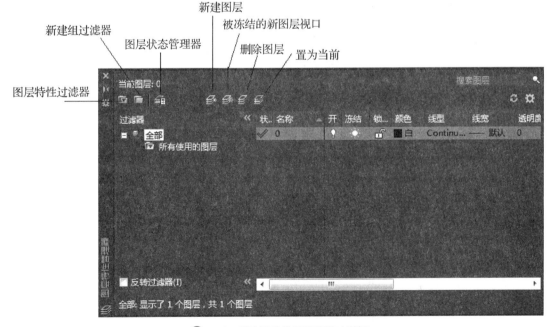

图3-2　"图层特性管理器"对话框

"图层特性管理器"对话框中各项功能如下:

1. 新建图层

开始绘制新图形时，AutoCAD 将自动生成一个名为"0"的图层，该层就是初始层，默认情况下，图层 0 将被指定使用 7 号颜色（白色或黑色，由背景色决定，本书中将背景色设置为白色，因此，图层颜色就是黑色）、Continuous 线型、"默认"线宽及 color7 打印样式，用户不能删除或重命名 0 图层。由于 0 图层上的对象性质灵活，一般实际绘图时不在 0 图层画图。如果用户要使用更多的图层来组织图形，就需要先创建新图层。

在"图层特性管理器"对话框中单击"新建图层"按钮，可以创建一个名称为"图层 1"的新图层。默认情况下，新建图层与 0 图层的状态、颜色、线性、线宽等设置相同。用户可以一次创建多个图层，只要连续单击"新建图层"按钮，最后创建的图层处于被选中状态（高亮显示），表示可以对该层进行特性设置操作。

当创建了图层后，图层的名称将显示在图层列表框中，如果要更改图层名称，可单击该图层名，然后输入一个新的图层名即可。如图 3-3 所示，创建了五个新图层，并对其中四个进行了重新命名。

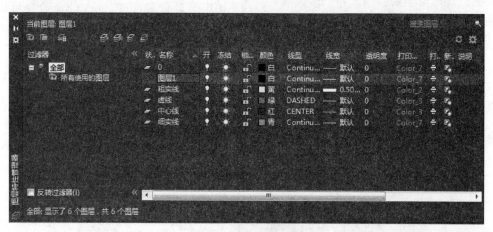

图 3-3　创建新图层

2. 设置图层颜色

颜色在图形中具有非常重要的作用，可用来表示不同的组件、功能和区域。图层的颜色实际上是图层中图形对象的颜色。每个图层都拥有自己的颜色，对不同的图层设置不同的颜色，绘制复杂图形时就可以轻松区分图形的各部分。

新建图层后，要改变图层的颜色，可在"图层特性管理器"对话框中单击图层的"颜色"列对应的图标，打开"选择颜色"对话框，如图 3-4 所示。

（1）索引颜色：在索引颜色中有 255

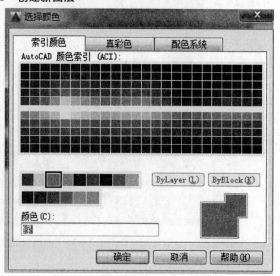

图 3-4　"选择颜色"对话框

种颜色,是 AutoCAD 中使用的标准颜色。

(2)真彩色:"真彩色"是使用真彩色(24 位颜色)指定颜色设置,可以使用一千六百多万种颜色。

(3)配色系统:"配色系统"选项卡通过选择颜色的配色系统和指定颜色名给图层设定颜色。

3.设置图层线型

线型是指图形基本元素中线条的组成和显示方式,如虚线、中心线和实线等。AutoCAD 既有简单线型,也有由一些特殊符号组成的复杂线型,以满足不同国家或行业标准的要求。

新建图层后,要改变图层的线型,可在"图层特性管理器"对话框中单击图层的"线型"列对应的 Continuous,打开"选择线型"对话框,如图 3-5 所示。

图3-5 "选择线型"对话框

默认情况下,在"选择线型"对话框的"已加载的线型"列表框中只有 Continuous 一种线型,如果要使用其他线型,必须将其添加到"已加载的线型"列表框中。可单击"加载"按钮打开图 3-6 所示"加载或重载线型"对话框,从当前线型库中选择需要加载的线型,然后单击"确定"按钮。

图3-6 "加载或重载线型"对话框

加载线型后,"选择线型"对话框的"已加载的线型"列表框中就会出现加载后的各种线型,如图 3-7 所示。选择一种线型,然后单击"确定"按钮,这种线型就被赋予了选定的图层。

图3-7　加载线型后的"选择线型"对话框

加载线型也可以选择【格式】→【线型】命令,打开"线型管理器"对话框,如图 3-8 所示。在此对话框中,不仅可以加载线型,还可通过全局比例因子等设置图形中的线型比例,从而改变非连续线型的外观。

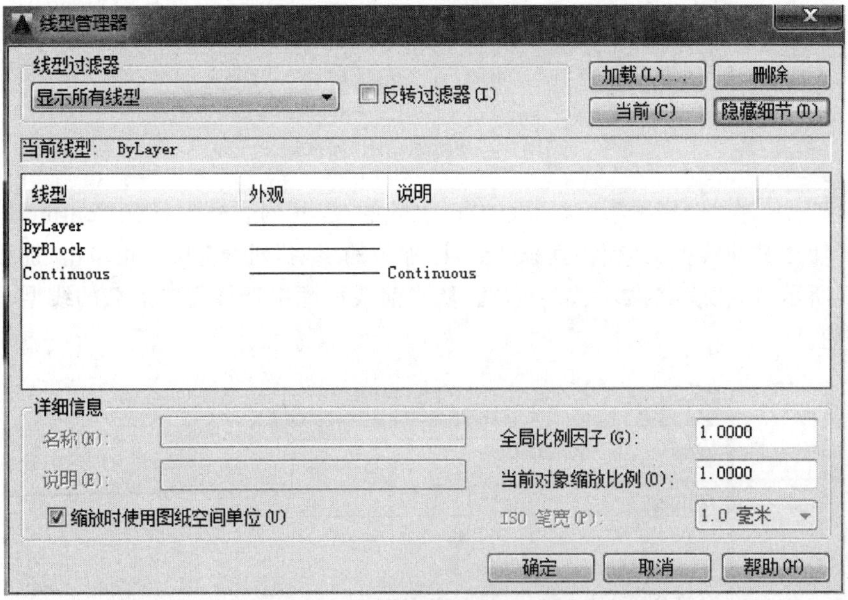

图3-8　"线型管理器"对话框

"全局比例因子"和"当前对象缩放比例"两项分别对应系统变量 LTSCALE 和 CELTSCALE,可以直接从命令提示行用键盘键入它们并修改其值。LTSCALE 是各种线型的全局比例因子,可随时改变它,以便使屏幕上或输出的图纸上的虚线和点划线等有间隔的线型以希望的间隔显示或绘出。CELTSCALE 是当前对象缩放比例因子,改变它的值仅影响新绘制的图形,而原来已经绘制的图形不受它影响。

小提示

　　LTSCALE 是一个常用的命令,应该记住它的快捷输入方式。用键盘输入时可以缩写为 LTS,回车后根据提示修改其值。

4. 设置图层线宽

　　线宽设置就是改变线条的宽度。在 AutoCAD 中,使用不同宽度的线条表现对象的大小或类型,可以提高图形的表达能力和可读性。要设置图层的线宽,可以在"图层特性管理器"对话框的"线宽"列中单击该图层对应的线宽"——默认",打开"线宽"对话框,如图 3-9 所示。对话框的列表框中列出了系统默认的 0.00~2.11 mm 各种粗细线宽供用户选择。也可以选择【格式】→【线宽】命令,打开"线宽设置"对话框,如图 3-10 所示。通过调整线宽比例,使图形中的线宽显示得更宽或更窄。

图 3-9　"线宽"对话框

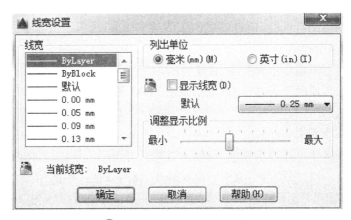

图 3-10　"线宽设置"对话框

3.2.2　图层显示

在"图层特性管理器"对话框中，有灯泡、太阳、锁的图标，图层功能区工具栏也有类似图标，如图 3 - 11 所示。这些图标控制图层的打开/关闭、冻结/解冻、锁定/解锁。

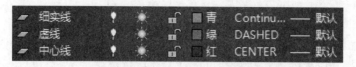

a "图层特性管理器"对话框中的图层控制图标

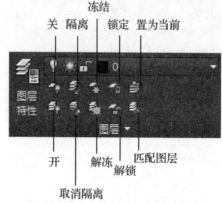

b "图层功能区"工具栏中的图层控制图标

图3 - 11　图层显示

1. 图层的打开和关闭

如果要改变图层的可见性，可以单击该图层的"![灯泡]"图标。"灯泡"变灰图层关闭，"灯泡"变黄图层打开。也可以点击"图层"功能区的图标实现本功能。

当图层打开时，图层上的图形对象显示而且可以打印，如果关闭则不能显示和打印。如果用户关闭当前图层，AutoCAD 会弹出警告对话框。被关闭的图层上图形对象不可见，但仍存在于图形中，在刷新或执行重生成命令时，还是会计算它们。

2. 图层的冻结和解冻

如果要改变图层的可见性，还可以单击该图层的"![太阳]"图标。图标变成"![雪花]"，图层冻结，图标成为"太阳"，图层解冻。

被冻结的图层也不会显示和打印，在这方面，和关闭一个图层有着同样的视觉效果。但是冻结的图层在重生成时不会被计算，能加快 ZOOM、PAN、VPOINT 等命令的速度，节省了复杂图形重生成的时间。

3. 图层的锁定和解锁

图层的锁定和解锁可以单击"![锁]"图标。"锁"打开图层解锁，反之图层被锁定。

如果图形复杂，有些图层的对象不想再被修改，则可以把这些图层锁定。锁定了一个图层，该图层上的对象就不能被选择和修改（但锁定图层的对象可以作为 TRIM 和 EXTEND 的边界）。

如果锁定图层处于打开和解冻状态，该图层是可见的，并且可以被打印。

第三章　绘图环境设置

4. 图层的隔离和取消

选择一个或多个对象后，根据当前设置，除选定对象所在图层之外的所有图层均将被锁定，点击"取消隔离"，被隔离的图层可以全部解锁。

3.2.3　图层管理

1. 置为当前

用户只能在当前图层上绘制图形，AutoCAD 在图层列表框上面显示当前图层名。如图 3-12 所示，当前层为"图层 1"。

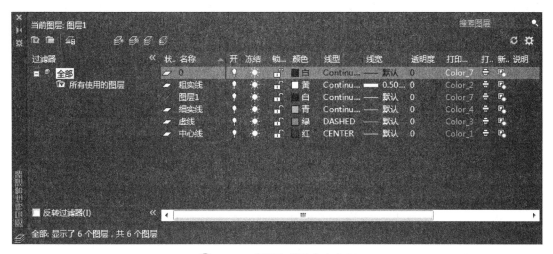

图 3-12　"图层 1"置为当前层

对于含有多个图层的图形，必须在绘制对象之前将该层设置为当前图层。选中某图层，单击"当前"按钮。或者用鼠标在某一层上单击右键显示快捷菜单，选择"置为当前"选项。

2. 删除图层

选择要删除的图层，然后单击"删除"按钮，即可将所选择的图层删除。不能删除 0 图层、当前图层以及包含图形对象的图层。

3. "返回上一个图层"

单击"返回上一个图层"按钮，可以把上一个图层置为当前图层，可连续使用；同时也放弃在"图层特性管理器"中对图层设置所做的修改。如果设置被恢复，命令提示区会显示"已恢复上一个图层状态"信息。

4. "将对象的图层置为当前层"

"将对象的图层置为当前层"按钮的功能是使某个已绘对象的图层成为当前图层。在绘图区域选择一条图线，然后单击图标，该图线所在的图层就会被切换为当前图层。

3.2.4　图层过滤器

"图层过滤器"就是满足一定条件的图层集合，满足条件的图层被包含在过滤器中，不满足条件的图层会被过滤掉。

AutoCAD 已经建立的过滤器有"全部"和"所有使用的图层"。用户还可以创建自己的过滤器。

在"图层过滤器树状图"中单击某一过滤器图标,在图层列表中即显示该过滤器中的图层。如图 3-13 所示,单击"所有使用图层"过滤器,图层列表就显示了已经使用的所有图层;在对话框的左下角底部,显示了图层的数量。

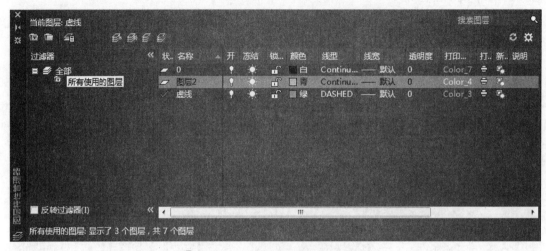

图 3-13 "所有使用的图层"过滤器

1. 新建特性过滤器

单击"新建特性过滤器"按钮 ,弹出"图层过滤器特性"对话框,如图 3-14 所示。

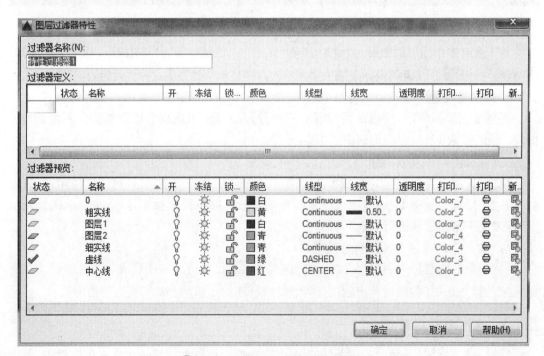

图 3-14 "图层过滤器特性"对话框

在"过滤器名称"文字框中键入过滤器的名字,在"过滤器定义"框中用一个或多个特性定义过滤器,即设置过滤器的条件,在"过滤器预览"中将显示满足过滤器条件的图层。

例如定义如图 3-15 中的过滤器名称"实线",单击"线型"列下的方格,出现 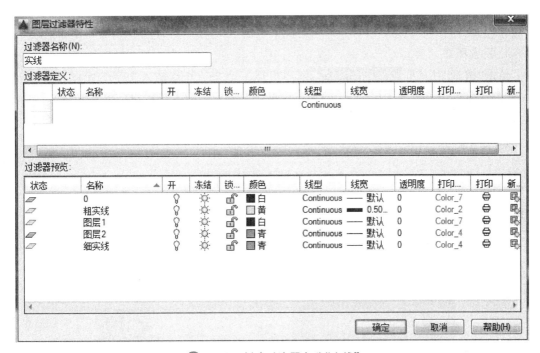 按钮,单击该按钮,出现"选择线型"对话框,选择"Continuous",单击"确定"按钮,Continuous 将出现在该方格中,过滤器预览就会看到满足条件的图层。这时单击"确定"按钮,以"实线"命名的过滤器名称就会出现在图层过滤器树状图中了,如图 3-16 所示。

图 3-15 新建过滤器名称"实线"

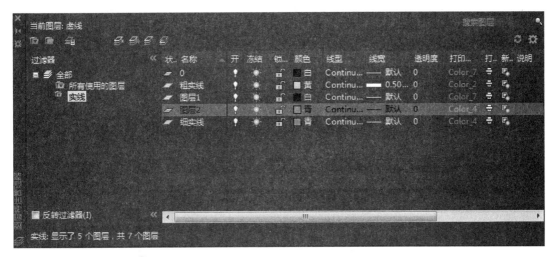

图 3-16 新建特性过滤器"实线"过滤的满足条件的图层

2. 新建组过滤器

单击"新建组过滤器"按钮 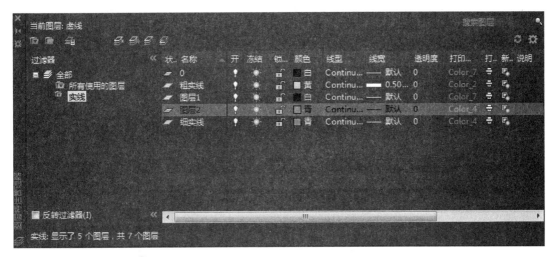,创建一个默认名为"组过滤器 1"的新图层组过滤器,并

将其添加到图层过滤器树状图中。此时可以修改默认名称,输入一个新的名称,也可在以后再改名。

向组过滤器添加图层的方法是:在过滤器树中单击"所有使用的图层"节点或其他过滤器,显示对应的图层信息,然后将需要分组过滤的图层拖动到用户创建的"组过滤器 1"上即可。

3. 图层状态管理器

单击"图层状态管理器"按钮 ,弹出"图层状态管理器"对话框,该对话框用于保存、恢复和管理命名的图层状态。

4. 搜索图层

单击"搜索图层"框 ,框内出现一个"＊"和待输入文字的光标,输入字符后,按图层名称快速过滤图层列表,满足条件的图层显示在图层列表中,即按图层名称生成一个临时过滤器。关闭图层特性管理器时并不保存此过滤器。

3.3　图层对象特性

功能区"特性"工具栏的主要功能是显示、查看或改变图层对象的特性,例如改变对象颜色、线型、线宽、打印样式等。"特性"工具栏如图 3 - 17 所示。在"随层(ByLayer)"状态下,对象特性中显示的是当前层的颜色、线宽和线型。

图 3 - 17　功能区"特性"工具栏

图层对象特性

3.3.1　颜色

"颜色"的功能是可以查看选定对象所在图层的当前颜色,改变对象的颜色或使一种颜色成为当前颜色。

点击"颜色"下拉列表符号 ,出现如图 3 - 18 所示列表,从中选择一种颜色单击,该颜色即为当前颜色,从而取代原图层颜色。但是绘图时,此处颜色不要更改,颜色一般选择默认的 ByLayer(随层),以免造成图层的颜色混乱。

3.3.2　线宽

"线宽"的功能是可以查看选定对象所在图层的当前线宽,改变对象的线宽或使一种线宽成

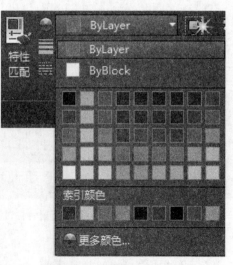

图 3 - 18　"颜色"下拉列表

为当前线宽。

　　点击"线宽"下拉列表符号，出现如图 3－19 所示线宽列表，选择线宽方法与颜色的选择类似。但是绘图时，此处线宽不要更改，一般选择默认的 ByLayer（随层），以免造成图层的线宽混乱。

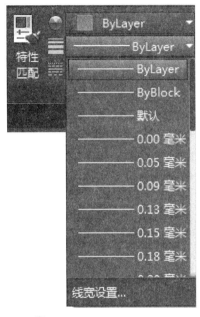

图3－19　"线宽"下拉列表

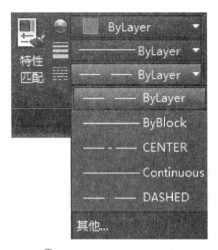

图3－20　"线型"下拉列表

3.3.3　线型

　　"线型"的功能是可以查看选定对象所在图层的当前线型，改变对象的线型或使一种线型成为当前线型和访问"线型管理器"。

　　点击"线型"下拉列表符号，出现如图 3－20 所示线型列表，选择线型方法与颜色的选择类似。但是绘图时，此处线型不要更改，一般选择默认的 ByLayer（随层），以免造成图层的线型混乱。

小提示

　　用 AutoCAD 绘图时，一般用颜色来区分各图层对象。为避免混乱，颜色、线型、线宽在"特性"栏都应该选择"随层"，即选择默认的 ByLayer。否则对象颜色（线型、线宽）不是该图层的颜色（线型、线宽）时，将造成设计、读图、打印等的混乱。

🔊 GB 提示(图线)

　　工程图样都是采用不同的线型和线宽的图线绘制的。根据《房屋建筑制图统一标准》（GB/T 50001—2017）和《建筑给水排水制图标准》（GB/T 50106—2010）等规定，建筑给水排水工程制图中的各类图线的线型、线宽、用途规定见表 3－1。

表 3－1 给水排水制图采用的线型

名称		线型	线宽	用途
实线	粗	———————	b	主要可见轮廓线
	中粗	———————	$0.7b$	可见轮廓线、变更云线
	中	———————	$0.5b$	可见轮廓线、尺寸线
	细	———————	$0.25b$	图例填充线、家具线
虚线	粗	▬ ▬ ▬ ▬	b	见各有关专业制图标准
	中粗	– – – – –	$0.7b$	不可见轮廓线
	中	– – – – – –	$0.5b$	不可见轮廓线、图例线
	细	------------	$0.25b$	图例填充线、家具线
单点长画线	粗	▬ · ▬ · ▬ ·	b	见各有关专业制图标准
	中	– · – · – ·	$0.5b$	见各有关专业制图标准
	细	-·-·-·-·-	$0.25b$	中心线、对称线、轴线等
双点长画线	粗	▬ ·· ▬ ·· ▬	b	见各有关专业制图标准
	中	– ·· – ·· –	$0.5b$	见各有关专业制图标准
	细	-··-··-··-	$0.25b$	假想轮廓线、成型前原始轮廓线
折断线	细	⟍⟋	$0.25b$	断开界线
波浪线	细	∿∿∿	$0.25b$	断开界线

特性匹配

3.4 特性匹配

特性匹配是将一个图形对象的特性赋予另一个图形对象。

对象特性是指对象所在的图层以及对象的颜色、线型、线宽、尺寸、位置、高度等参数。在绘制图样时,经常会用到偏移、复制等命令,这些命令生成的图形与原图形对象的特性一致,要想让某一对象具有另一种对象的特性,可以用特性匹配命令——格式刷 ,可以匹配的特性有:图层、颜色、线型、线宽、线型比例、字高等。

操作步骤如下:

(1)用鼠标选择"源对象"(提取特性的对象称为源对象);

(2)点击格式刷 ;

(3)用鼠标选择"目标对象"(要接受特性的对象称为目标对象)。

如图 3－21 所示,将圆的特性赋予六边形,操作过程如下:首先选择圆;单击格式刷 ;再选择六边形。这样六边形的图层、颜色、线型、线宽等特性就和圆的特性一样了。

左图中 ABCD 四个字母的图层、字高不同,先选择 D,后点击格式刷,然后依次刷 ABC,

ABC 三个字母的图层、字高与 D 的特性就相同了,见图 3-21。

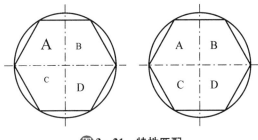

图 3-21　特性匹配

思考与练习

3-1　为何要定义图形界限? 如何定义图形界限?

3-2　使用"图层特性管理器"对话框创建图层,创建粗实线、细实线和虚线层。

3-3　新建五个图层并为每个图层设置颜色、线宽和线型。

3-4　如果绘制的图线没有放置在指定的图层上时,如何将其放置在指定图层上?

3-5　如何使用"图层过滤器特性"对话框过滤图层?

3-6　如何使用"特性匹配"格式刷?

3-7　根据表 3-2 建立图层并绘制习题图 3-1。绘图后,试分别将各图层设置成打开/关闭、冻结/解冻、锁定/解锁,观察设置效果。

表 3-2　图层设置要求

图层名	颜色	线型	线宽
粗实线	黄色	Continuous	0.5
细实线(尺寸)	蓝色	Continuous	默认
中心线	红色	Center	默认
虚线	绿色	Dashed	默认

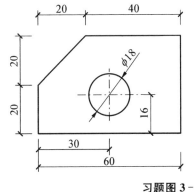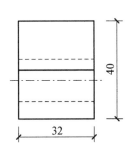

习题图 3-1

3-8 绘制习题图 3-2 所示的图形。

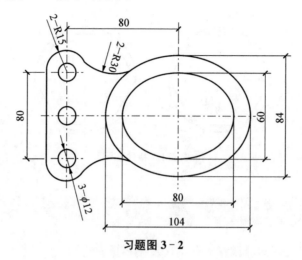

习题图 3-2

提示：

(1) 创建图层：粗实线层、中心线层、虚线层、文字层、尺寸标注层等。

(2) 绘图并进行尺寸标注。

3-9 绘制 A3 图纸的图幅线（420×297 的矩形）、图框线和标题栏，具体尺寸和线型参见 GB 提示（图幅）的有关内容。

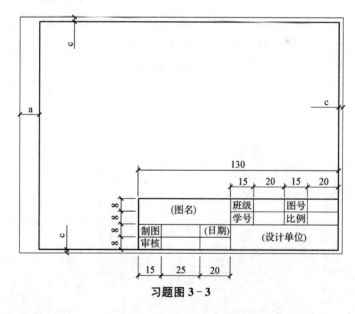

习题图 3-3

 GB 提示（图幅） 〰〰〰〰〰〰〰〰〰〰〰〰〰〰〰〰〰〰〰〰〰〰〰〰〰〰

根据《房屋建筑制图统一标准》（GB/T 50001—2017）有关规定，将图幅部分内容摘录如下：

图纸幅面指图纸的大小，图框是指图纸上绘图范围的界限。图纸幅面和图框线应符合表 3-3 的规定。

表 3-3　幅面及图框尺寸(mm)

尺寸代号 \ 幅面代号	A0	A1	A2	A3	A4
B×L	841×1189	594×841	420×594	297×420	210×297
c	10			5	
a	25				

图纸的短边一般不应加长,长边可加长,但应符合国家标准中相应的规定。

在一套工程图纸中应以一种规格图纸为主,尽量避免大小幅面掺杂使用。

图幅线用细实线绘制,图框线用粗实线绘制,标题栏的边一般为粗实线,内部分隔线用细实线绘制。

标题栏一般由设计单位自行设计,习题图 3-3 的标题栏仅作参考。

扫码查看

本章作业提示

第四章
辅助精确绘图工具

【能力目标】

1. 能使用对象捕捉、对象捕捉追踪和极轴追踪精确绘制图形。

2. 会查询图形对象信息。

3. 能快速缩放和平移视图。

【知识目标】

1. 掌握捕捉、栅格定位点的方法。

2. 掌握极轴和正交的功能。

3. 掌握对象捕捉方法。

4. 掌握对象捕捉追踪和极轴追踪功能。

5. 掌握查询图形对象信息的方法。

6. 掌握缩放和平移视图的方法。

7. 了解重画和重生成图形的方法及两种命令的不同点。

8. 掌握鼠标快捷键的使用方法。

本章主要介绍精确绘图工具、查询命令和图形显示控制。

在绘图时,经常需要精确地捕捉一些特定的点,例如端点、圆心等等。如果只凭观察拾取点,放大后会发现差之千里。为了精确地绘制工程图纸,需要相应的辅助工具。

4.1　精确绘图工具

精确绘图工具在工作界面的右下方的状态栏中,包括"栅格与捕捉""正交与极轴追踪""对象捕捉""对象追踪"等功能,如图 4-1 所示。

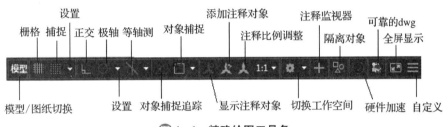

图4-1　精确绘图工具条

4.1.1　栅格和捕捉

"栅格"类似于坐标纸中的格子线,为作图过程提供参考。栅格的间距可以设置,栅格只是绘图辅助工具,不是图形的一部分,因此不会被打印。

"捕捉"用于设定鼠标光标移动的间距,即每次鼠标移动的最小增量。如果设置的捕捉间距和栅格的间距一样,当捕捉打开后,它会迫使光标落在最近的栅格点上,而不能停留在两点之间。

启用/关闭栅格命令的方式:

命令:GRID✓
菜单:【工具】→绘图设置→捕捉和栅格
状态栏: ▦
功能键:F7

启用/关闭捕捉命令的方式:

命令:SNAP✓
菜单:【工具】→绘图设置→捕捉和栅格
状态栏: ▦
功能键:F9

将鼠标光标放在图 4-2 所示的状态栏的 ▦ 按钮上右键单击,从弹出的右键快捷菜单上选择"网格设置"选项,或者直接鼠标左键点击状态行 ▼ ,点击 捕捉设置... ,打开"草图设置"对话框,如图 4-3 所示。

图4-2　栅格与捕捉

单击"捕捉和栅格"选项卡,可以设置捕捉和栅格的相关参数。

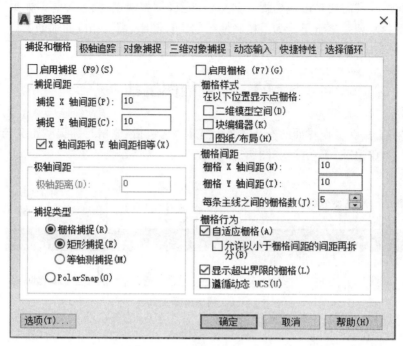

图 4-3 "捕捉和栅格"选项卡

"捕捉和栅格"选项卡的功能如下:

1. "启用捕捉"复选框:打开或关闭捕捉方式。选中该复选框,可以启用捕捉。

2. "捕捉间距"选项组:设置捕捉间距大小,如图 4-4,捕捉间距 X 轴和 Y 轴均为 10。

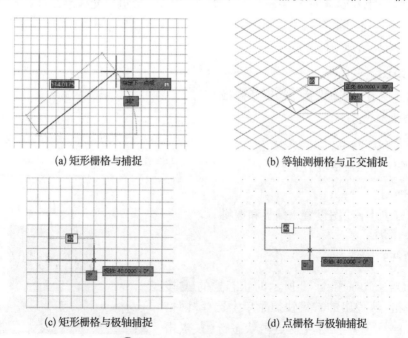

(a) 矩形栅格与捕捉　　　　　　　(b) 等轴测栅格与正交捕捉

(c) 矩形栅格与极轴捕捉　　　　　　(d) 点栅格与极轴捕捉

图 4-4 捕捉的类型和栅格样式

3."极轴间距"栏:用于设置"PolarSnap(极轴捕捉)"时极轴捕捉的间距。

4."捕捉类型"选项组:可以设置捕捉类型和样式,包含"栅格捕捉"和"PolarSnap(极轴捕捉)"两种类型。

(1)栅格捕捉:栅格捕捉又分为"矩形捕捉"和"等轴测捕捉"两种。

矩形捕捉打开栅格后,作图时光标将捕捉矩形栅格的交点。

等轴测捕捉打开栅格时,栅格线及光标线与水平轴成 30°、90°和 150°,按〈F5〉键或〈Ctrl〉+〈E〉组合键可将栅格线及光标线在 30°、90°和 150°之间切换。等轴测捕捉一般用来绘制正等轴测图,作图时光标捕捉等轴测栅格的交点。

图 4-4(a)、(b)是矩形捕捉和等轴测捕捉的栅格和光标的样式。

(2)PolarSnap(极轴捕捉):在启用了极轴追踪和对象追踪的情况下,当"捕捉"打开时,光标沿极轴追踪角和对象追踪捕捉。极轴捕捉不再捕捉栅格上的交点,而是按照极轴追踪的起点设置的极轴对齐角度进行捕捉,如图 4-4(c)所示。

5."启用栅格"复选框:打开或关闭栅格的显示。选中该复选框,可以启用栅格。

6."栅格样式"选项组:在二维模型空间、块编辑器或者图纸/布局的栅格样式设置为点栅格。如图 4-4(d)所示为点栅格样式。

7."栅格间距"选项组:设置栅格间距大小,一般与捕捉间距相同。

8."栅格行为"选项组:控制当 VSCURRENT 设置为除二维线框之外的任何视觉样式时,所显示栅格线的外观。

自适应栅格:缩小时,限制栅格的密度。允许以小于栅格间距的间距再拆分。放大时,生成更多间距更小的栅格线,主栅格线的频率确定这些栅格线的频率。

显示超出界限的栅格:显示或者不显示超出图形界限的栅格,用前面的勾选框控制。

遵循动态 UCS:更改栅格平面以跟随动态 UCS 的 XY 平面。

小提示

绘图时,一般关闭捕捉和栅格,绘图更方便。

4.1.2 正交和极轴追踪

AuotCAD 提供的正交模式只能绘制水平或垂直的直线。

启用/关闭正交模式的方式:

命令:ORTHO

状态栏:

功能键:F8

正交与极轴追踪

在正交模式下,只能在水平或垂直方向画线或指定距离。画线时输入的第 1 点是任意的,但当移动光标准备指定第 2 点时,引出的橡皮筋线已不再是这两点之间的连线,而是起点到光标十字线的垂直线中较长的那段线。如果 X 方向距离比 Y 方向大,则画水平线;如果 Y 方向距离比 X 方向大,则画垂直线。

如果要求输入的点在一定的角度线上,就可以使用极轴追踪功能。
打开/关闭极轴追踪的方式:

菜单:【工具】→绘图设置→极轴追踪
状态栏: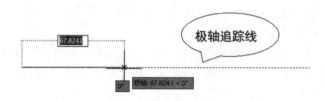
功能键:F10

单击状态栏上的 按钮,使之呈亮显的状态,就打开了极轴追踪功能。如图 4－5 所示,绘图时就会出现极轴的追踪线。

图 4－5 开启"极轴追踪"时的追踪线

点击状态栏上的 按钮右边的 ,弹出如图 4－6 所示的光标菜单,从中可以选择极轴追踪的角度,也可以点击 正在追踪设置... 打开如图 4－7 所示的"草图设置"对话框,点击"极轴追踪"选项卡,用户可在此方便地进行极轴追踪设置。

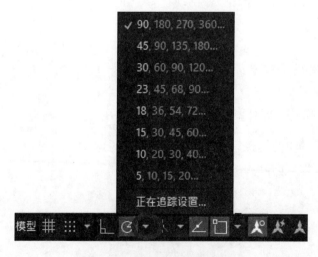

图 4－6 "极轴追踪"的快捷菜单

图4-7 极轴追踪设置

默认的极轴追踪的角度增量是90°,在对话框的"极轴角设置"栏还预设了一些角度增量值,分别为45°、30°、22.5°、18°、15°、10°和5°,用户可以从中选择,也可以选中"附加角"复选框,用"新建"按钮自行设置其他角度作为极轴追踪的角度。设置好极轴追踪角,就可以使用极轴追踪了。

小提示

1. 正交和极轴追踪都是透明命令,即在执行其他命令过程中可以随时打开或关闭。

2. 正交与极轴追踪是一对矛盾体,点击正交,极轴追踪弹出并关闭,开启极轴追踪,正交则弹出并关闭。

3. 绘图时一般关闭正交,打开极轴追踪,设置极轴追踪增量角为90°,这样可以利用极轴追踪绘制横平竖直的直线,还可以画斜线。

4.1.3 对象捕捉

在绘图的过程中,经常要指定一些图形上已有的点,例如端点、圆心和两个对象的交点等。如果只凭观察来拾取,不可能准确地找到这些点。而"对象捕捉"可以迅速、准确地捕捉到这些特殊点,从而精确地绘制图形。

对象捕捉

打开/关闭对象捕捉的方式:

命令:OSNAP↙

菜单:【工具】→绘图设置→对象捕捉

状态栏:▱

功能键：F3

要打开对象捕捉模式，也可在状态栏点击![icon]打开对象捕捉快捷菜单，选择需要使用的捕捉特征点，如图 4-8 所示。

图4-8 "对象捕捉"快捷菜单

点击图 4-8 中![对象捕捉设置...]，可以打开"草图设置"对话框的"对象捕捉"选项卡，选中"启用对象捕捉"复选框，然后在"对象捕捉模式"选项组中选中相应复选框，也可以启动对象捕捉功能，如图 4-9 所示。

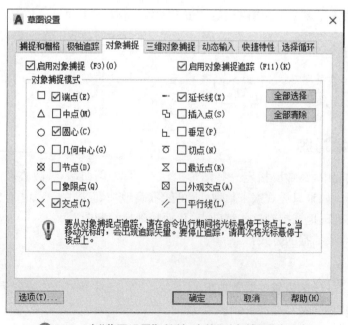

图4-9 在"草图设置"对话框中的"对象捕捉"选项卡

当要求指定点时,可以按下〈Shift〉键或者〈Ctrl〉键,在绘图区域点击鼠标右键可以打开对象捕捉快捷菜单,如图 4 - 10 所示。选择需要的子命令,再把光标移到要捕捉对象的特征点附近,即可捕捉到相应的对象特征点。

如果在需要输入点的命令行提示下输入关键字(如 MID、CEN、QUA 等)或单击"对象捕捉"工具栏中的工具或在对象捕捉快捷菜单中选择相应命令,可临时打开捕捉模式(称为覆盖捕捉模式),仅对本次捕捉点有效,在命令行中显示一个"于"标记。

图4-10　"对象捕捉"快捷菜单

小提示

1. 绘图时,对象捕捉模式一般只打开端点、圆心、交点和延长线。绘图时不宜打开过多的点捕捉模式,否则光标不停地捕捉各种点,给绘图过程造成干扰。

2. 捕捉"切点"时,需要关掉其他的捕捉点,只开"切点"。绘制完成后,再把其他的捕捉点打开。

3. "垂足"需要在线外一点做直线的垂线后才能产生垂足。

4. "平行"需要在与之平行的已知直线停顿片刻,然后移走光标,才会产生平行的追踪线。

【例 4 - 1】　利用对象捕捉,绘制如图 4 - 11(d)所示水表图例。

例 4 - 1

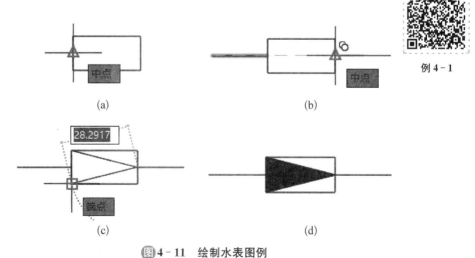

(a)　　　　　　　　　　　　(b)

(c)　　　　　　　　　　　　(d)

图4-11　绘制水表图例

作图步骤如下:

1. 在绘图区域任意绘制一个矩形,然后打开"对象捕捉"的"中点",找到矩形左边的中点绘制左边的一条直线;

2. 复制左边的直线,以左边直线的左端点为基点,复制到矩形右边的中点处;

3. 捕捉矩形左边二个端点及右边的中点绘制一个三角形;

4. 在三角形内进行图案填充,选择 solid 图案,填充到三角形中,完成图形。

4.1.4 对象捕捉追踪

对象捕捉追踪

"对象捕捉追踪"也是一种精确定位点的方法。当要求输入的点与其他对象对齐时,"对象捕捉追踪"确定点的位置非常高效,是非常便捷的辅助绘图工具。

"对象捕捉追踪"是在一条临时对齐路径上寻找所需的点,也就是选定若干参考点,经参考点会出现对齐路径,在对齐路径上确定点。

打开/关闭对象捕捉追踪的方法有二种:

状态栏: ✍

功能键:F11

使用对象捕捉追踪,必须同时打开对象捕捉,只有捕捉到参考点,才能出现对齐路径,即同时打开状态栏上的 ▢ 和 ✍ 按钮,使之呈亮显的状态。

使用对象捕捉追踪的同时,也可以使用极轴追踪,如图 4-12 所示。绘制直线的端点时,不仅利用对象追踪与五边形的顶点对齐,而且利用极轴追踪让绘制的这条直线保持水平。

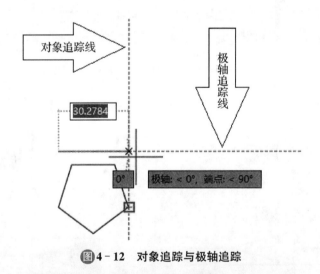

图 4-12　对象追踪与极轴追踪

> **小提示**
>
> 当对象移动到一个对象捕捉点时,要在该点上停顿一会儿,不要拾取它,因为这一步只是 AutoCAD 获取该参考点的信息,待信息出现后,就可以移动光标了,对齐该参考点时,也就会出现追踪线。

利用对象捕捉追踪和极轴追踪,可以完成很多图形的绘制,例如图 4-13 所示的阀门图例、自动喷洒头图例以及标高符号的绘制等。

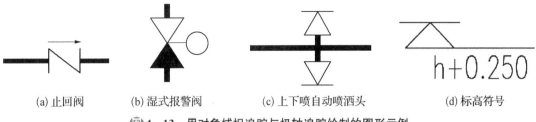

| (a) 止回阀 | (b) 湿式报警阀 | (c) 上下喷自动喷洒头 | (d) 标高符号 |

图 4 – 13　用对象捕捉追踪与极轴追踪绘制的图形示例

【例 4 – 2】　绘制图 4 – 14 所示的组合体的正面投影和水平投影,要求两面投影"长对正"。

作图步骤如下:

(1) 打开图层管理器,新建四个图层,分别为粗实线层、细实线层、中心线层和虚线层,并设置好每个图层的颜色、线型和线宽。

(2) 在中心线层绘制中心线,然后绘制正面投影的圆、半圆,绘制图中长 80 的直线,然后通过端点做 R20 圆的切线。注意利用"对象捕捉"中的"捕捉到切点"功能绘制切线,完成正面投影。

(3) 利用"对象捕捉追踪"捕捉正面投影左侧直线的端点,然后光标下拉对齐该点,右侧端点可以追踪圆与中心线的交点,同时利用"极轴追踪"对齐绘制水平投影,如图 4 – 15 所示。以此类推,追踪各关键点,对齐水平投影与正面投影,做到"长对正"。

(4) 标注尺寸,完成视图,如图 4 – 14 所示。

例 4 – 2

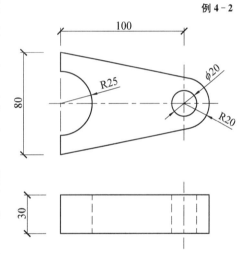

图 4 – 14　组合体的正面投影和水平投影

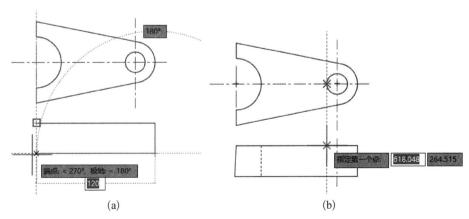

| (a) | (b) |

图 4 – 15　组合体的正面投影和水平投影的绘图过程

4.1.5　动态输入

动态输入

在实际绘图时，用户应该随时注意命令提示区的提示，但新用户往往只注意绘图区域而忽视命令提示，导致操作不正确。AutoCAD 的“动态输入”可以在光标指针位置处显示标注输入和命令提示等信息，从而极大地方便了绘图。

启用/关闭“动态输入”的方法：

命令：DSETTINGS

菜单：【工具】→绘图设置→动态输入

状态栏：点击 打开动态输入图标

功能键：F12

以上四种方式都可以打开【草图设置】对话框，选择“动态输入”选项卡，如图 4－16 所示。

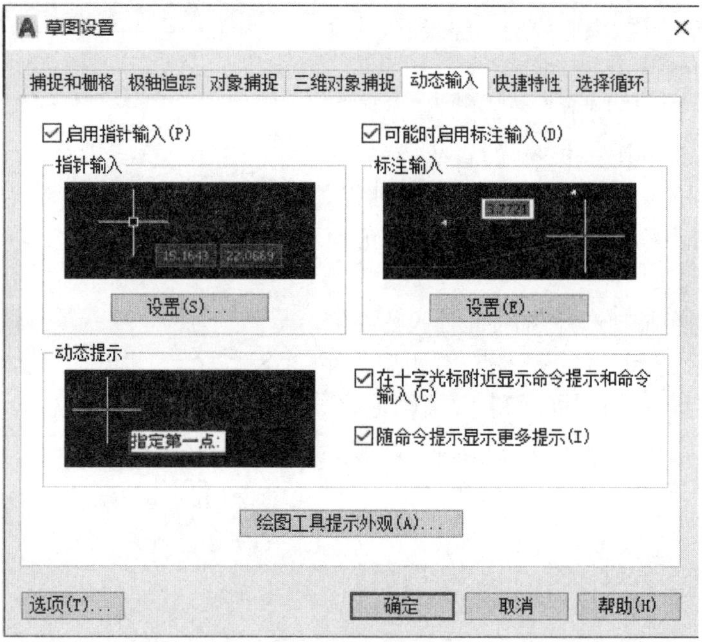

图 4－16　“草图设置”对话框的“动态输入”选项卡

“动态输入”选项卡有三个组件：指针输入、标注输入和动态提示。另有“绘图工具提示外观(A)”按钮，下面逐一说明。

1. 启用指针输入

在“草图设置”对话框的“动态输入”选项卡中，选中“启用指针输入”复选框可以启用指针输入功能。可以在“指针输入”选项组中单击“设置”按钮，使用打开的“指针输入设置”对话框可以设置指针的格式和可见性，如图 4－17 所示。

在执行命令过程中，如果工具栏提示中显示的是相对坐标，要输入绝对坐标，键入＃来临时转为绝对坐标。如果工具栏提示中显示的是绝对坐标，要输入相对坐标，键入@来临时转为相对坐标。

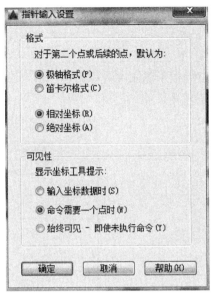

图 4 - 17　"指针输入设置"对话框

小提示

动态输入开启默认为相对坐标输入,在命令行直接输入数值回车后,自动出现@。

2. 启用标注输入

在"草图设置"对话框的"动态输入"选项卡中,选中"可能时启用标注输入"复选框可以启用标注输入功能。在"标注输入"选项组中单击"设置"按钮,使用打开的"标注输入的设置"对话框(见图 4 - 18)可以设置标注的可见性。

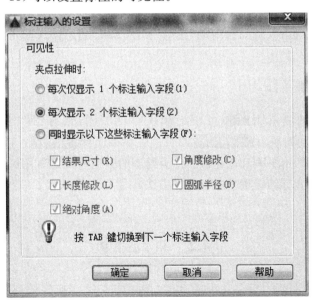

图 4 - 18　"标注输入的设置"对话框

3. 显示动态提示

在"草图设置"对话框的"动态输入"选项卡中,选中"动态提示"选项组中的"在十字光标附近显示命令提示和命令输入"复选框,可以在光标附近显示命令提示。如图 4-19 所示,画直线时提示"指定下一点或"的提示显示在光标附近。

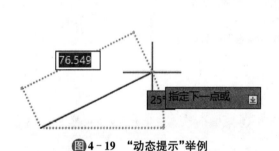

图 4-19 "动态提示"举例

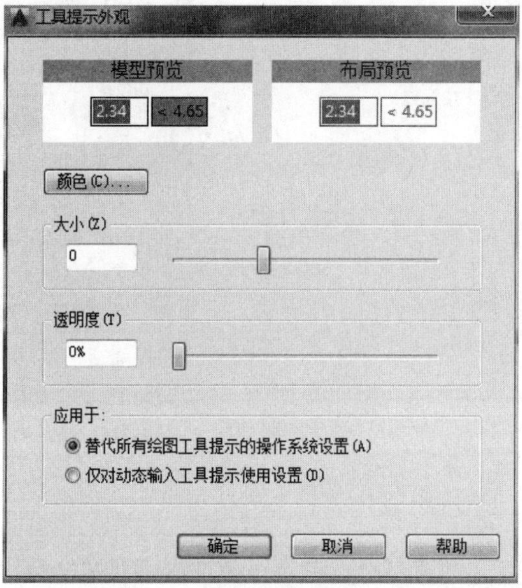

图 4-20 "工具提示外观"对话框

4. "绘图工具提示外观(A)"按钮

单击"绘图工具提示外观(A)"按钮,打开"工具提示外观"对话框,如图 4-20 所示。

在对话框中单击"颜色"按钮,将显示"图形窗口颜色"对话框,在对话框可以选择动态输入时提示框内字体等的颜色。在"大小"栏,向左拖动滑块使动态输入提示框变小,向右拖动滑块使提示框变大。同样,越向右拖动"透明"栏的滑块,动态输入提示框越透明,值为 0 时提示框设置为不透明。

▐▶ 4.1.6 等轴测草图

利用状态行等轴测草图 ✕ ▾ 可以绘制正等轴测图,共有三种模式:左等轴测平面 ⌐ 左等轴测平面 、顶部等轴测平面 ⌐ 顶部等轴测平面 和右等轴测平面 ⌐ 右等轴测平面 。这三种模式分别相当于轴测投影的侧立面、水平面和正立面。注意绘图时开启等轴测草图的同时,需要打开正交模式,这样才能约束光标的正确角度。绘图方法参见习题图 4-4。

4.2 查询命令

通过查询命令,可以查询距离、半径、角度、面积、体积、坐标等信息。使用该功能可以快速了解当前图形的相关信息,以便对图形进行编辑。

查询命令

启用查询命令可以如下操作：

菜单：【工具】→查询
功能区：实用工具→测量

通过【工具】→【查询】可以打开"查询"子菜单，也可以在功能区找到"实用工具"就可以开始查询，如图 4－21 所示。

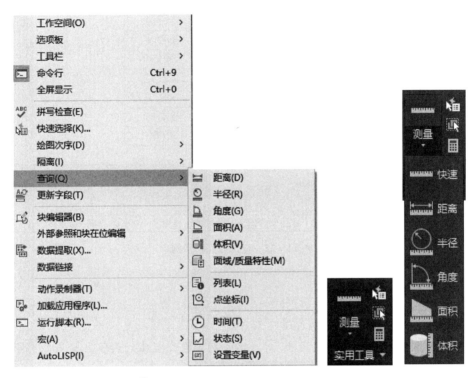

图 4－21　"查询"子菜单和"实用工具"栏

4.2.1　查询距离

查询距离可以测量二点之间的距离以及线与 X 轴的夹角等。
命令执行方式如下：

菜单：【工具】→查询→距离
工具栏：

启动查询距离命令，当指定二个点后，AutoCAD 会给出该直线属性，从命令提示行或绘图区可以看到二点之间的距离、XY 平面中倾角、与 XY 平面的夹角、X 增量、Y 增量、Z 增量，如图 4－22 所示。

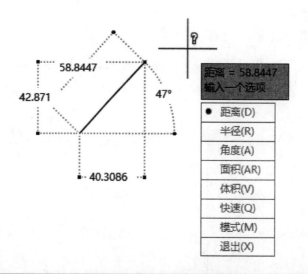

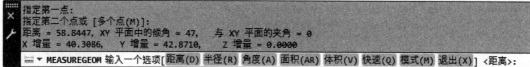

图 4-22   查询"距离"示例

🔍—小提示

查询距离是经常使用的命令,尤其遇到虚线、中心线等线段显示为直线时,需要调整线型比例因子。这时可以查询线段的长度,根据长度调整线型比例因子。如果距离很小,线型比例因子需要调小,如果距离大,则相应调大线型比例因子。

▶ 4.2.2   查询面积

查询面积可以查询指定区域的面积和周长,同时还可以对面积进行加、减运算。
命令执行方式如下:

菜单:【工具】→查询→面积
工具栏:

启动查询面积命令后,需要用光标拾取三个以上的点或者指定一个封闭的区域,然后确认,AutoCAD 会计算出面积和周长,如图 4-23 所示为计算出来矩形的面积和周长。

启用查询面积后,在选择图形之前,命令选项如图 4-24 所示,下面分别介绍各选项的用法。

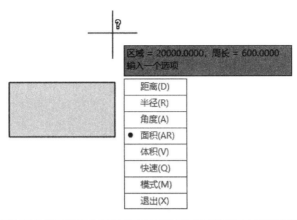

区域 = 20000.0000, 周长 = 600.0000
输入一个选项
距离(D)
半径(R)
角度(A)
面积(AR)
体积(V)
快速(Q)
模式(M)
退出(X)
指定下一个点或 [圆弧(A)/长度(L)/放弃(U)]:
指定下一个点或 [圆弧(A)/长度(L)/放弃(U)/总计(T)] <总计>:
指定下一个点或 [圆弧(A)/长度(L)/放弃(U)/总计(T)] <总计>:
区域 = 20000.0000, 周长 = 600.0000
MEASUREGEOM 输入一个选项[距离(D) 半径(R) 角度(A) 面积(AR) 体积(V) 快速(Q) 模式(M) 退出(X)] <面积>:

图4-23　查询“面积”和“周长”示例

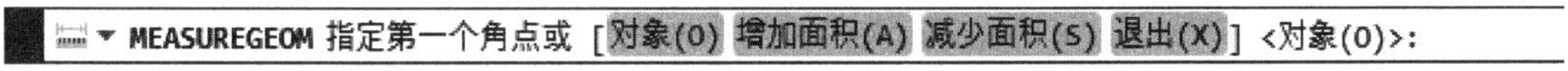

MEASUREGEOM 指定第一个角点或 [对象(O) 增加面积(A) 减少面积(S) 退出(X)] <对象(O)>:

图4-24　“查询面积”的提示选项

1. 对象(O)

计算由指定对象所围成区域的面积。执行该选项时，可以选择由圆(CIRCLE)、椭圆(ELLIPSE)、二维多段线(PLINE)、矩形(RECTANG)、多边形(POLYGON)、样条曲线(SPLINE)和面域(REGION)等命令所围成的封闭区域，AutoCAD 会给出所选对象的面积和周长信息。

2. 增加面积(A)

对面积进行加法运算，即把新图形面积加到总面积中去。在选择对象之前，首选增加面积 A，然后再逐个选择对象。AutoCAD 操作顺序是：AREA—A—O—ENTER。用户可进行面积加法运算，也可在提示继续选择对象提示下直接回车，则 AutoCAD 计算出所求区域的面积、周长和总面积。

3. 减少面积(S)

对面积进行减法运算，即把所选实体的面积从总面积中减去。执行该选项时，AutoCAD 操作顺序是：AREA—A—O—ENTER—S—O，可以求出面积、周长和减法运算后的总面积。

另外，对于未封闭的多段线，AutoCAD 在计算时将其看成用一直线段连接首末两端点封闭的区域，但周长不包括该直线的长度。对于有宽度的多段线，AutoCAD 按其中心线进行计算。对于线宽大于 0 的多段线来说，AutoCAD 按其中心线计算面积和周长。如果所选的对象不能构成封闭区域，则 AutoCAD 会有如下提示：选定的对象没有面积。

▐▶ 4.2.3 查询半径

查询半径可以查询圆和圆弧的半径或直径长度。

命令执行方式如下：

菜单:【工具】→查询→半径

工具栏: ◎

▐▶ 4.2.4 查询角度

查询角度可以查询两条线段之间的夹角度数。

命令执行方式如下：

菜单:【工具】→查询→角度

工具栏: ◣

▐▶ 4.2.5 查询点坐标

使用点坐标命令,用户可以查询指定点位置的坐标值。

命令执行方式如下：

菜单:【工具】→查询→点坐标

工具栏:【实用工具】→ ◙

命令执行后,系统提示如下：

指定点:（选取一点）

指定了一个点后,AutoCAD 在命令行中列出指定点在当前坐标系下的 X/Y/Z 轴的绝对坐标值。

▐▶ 4.2.6 列表显示

使用 LIST 命令用户可以查询数据库中图形对象的信息。

命令执行方式如下：

菜单:【工具】→查询→列表显示

工具栏:【查询】→ ▤

用上述方法之一启动命令后,AutoCAD 会有如下提示：

选择对象:（选取对象）

此时,AutoCAD 会自动扩大命令提示行的窗口,显示出所选对象的有关特性信息。

▐▶ 4.2.7 查询时间

使用 TIME 命令,用户可以查询与当前图形有关的日期和时间。

命令执行方式如下：

命令：**TIME**

菜单：**【工具】→查询→时间**

▐▶ 4.2.8　查询状态

使用 STATUS 命令可以查询系统当前运行状态的信息。

命令执行方式如下：

命令：**STATUS**

菜单：**【工具】→查询→状态**

STATUS 命令执行后 AutoCAD 会自动扩大命令提示行的窗口，显示当前系统的各种信息，如图 4 - 25 所示。

```
放弃文件大小：      50577  个字节
模型空间图形界限   X:      0.0000    Y:     0.0000  (关)
                  X:    100.0000    Y:   300.0000
模型空间使用       X:    -18.6854    Y:    87.8538  **超过
                  X:    479.1128    Y:   290.1075  **超过
显示范围          X:   -237.5273    Y:   -47.7261
                  X:    920.2764    Y:   375.0049
插入基点          X:      0.0000    Y:     0.0000   Z:    0.0000
捕捉分辨率         X:     10.0000    Y:    10.0000
栅格间距          X:     10.0000    Y:    10.0000
当前空间：         模型空间
当前布局：         Model
当前图层：         DIM
当前颜色：         BYLAYER -- 7 (白)
当前线型：         BYLAYER -- "Continuous"
当前材质：         BYLAYER -- "Global"
当前线宽：         BYLAYER
当前标高：          0.0000   厚度：     0.0000
填充  开   栅格 关   正交 关   快速文字 关   捕捉 关   数字化仪 关
STATUS 按 ENTER 键继续：
```

图 4 - 25　"查询状态"的信息提示

4.3　视图缩放

视图缩放可以让用户在绘图过程中可以查看整个图形，又能放大某个局部，灵活观察图形的整体效果或局部细节。对视图进行缩放不会改变图形对象的绝对大小，它就像放大镜一样，只是更改了视图的显示比例。

视图缩放

视图缩放命令的执行方式有：

命令：**ZOOM**

菜单：**【视图】→缩放→相应选项**

菜单：**【工具】→工具栏→AutoCAD→缩放**

"缩放"菜单如图 4 - 26 所示，"缩放"工具栏如图 4 - 27 所示。

从键盘输入 ZOOM 命令后，AutoCAD 命令行的主提示如图 4 - 28 所示。

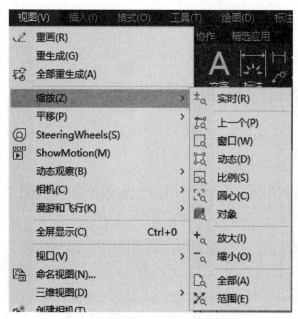

图4-26 "视图"/"缩放"下拉菜单

图4-27 "缩放"工具栏

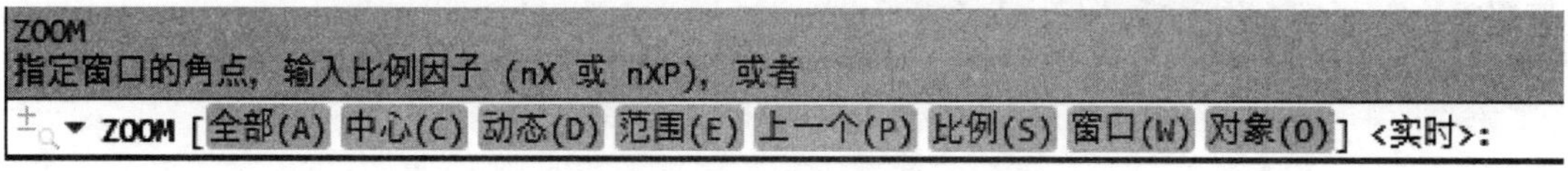

ZOOM
指定窗口的角点,输入比例因子 (nX 或 nXP),或者

ZOOM [全部(A) 中心(C) 动态(D) 范围(E) 上一个(P) 比例(S) 窗口(W) 对象(O)] <实时>:

图4-28 "ZOOM"命令的执行选项

主提示的每一项都对应一个工具栏按钮,下面对其进行介绍。

1. 实时缩放

"实时缩放"是 ZOOM 默认的缩放模式,此时鼠标指针变成一个放大镜形状,按住鼠标左键向上拖动可放大整个图形;向下拖动可缩小整个图形;释放鼠标左键后停止缩放。

2. 全部缩放

执行该选项时,绘图区域内会显示全部图形。所显示的图形边界是图形界限与图形范围两者中尺寸更大的:如果图形范围超出图形界限,将显示图形对象的范围;如果所绘制的对象在图形界限内,将显示图形界限。执行该选项时,AutoCAD 会对全部图形重新生成。若图形文件很大时,会花费很长时间,并在提示区中有如下提示:

正在重生成模型。

3. 中心缩放

执行该选项时,用户可重新设置图形的显示中心和放大倍数。AutoCAD 会有如下提示:

指定中心点:(输入新的显示中心)

输入比例或高度<>：(输入新视图的高度或后跟字母 X 作为放大倍数或直接回车)

对提示直接回车，则高度不变，对象不放大，只是指定的点成为绘图区的中心点。若对提示输入高度值，输入的值比当前值大，则视图缩小，反之视图放大。若要对当前的显示放大或缩小，应输入一个比例因子，即在输入的数值后面加一个"X"，表明放大率。放大因子大于 1，则放大；放大因子小于 1，则缩小。

4. 动态缩放

执行该选项时，在屏幕中将显示三个矩形框：绿色的点线框、蓝色的点线框和带"×"的视图框。

蓝色的点线框表示图形界限，如果所绘图形占的区域大于图形界限则表示图形区域；绿色的点线框表示的是目前屏幕显示的图形范围，如果当前屏幕显示的范围大于所绘图形占据的区域或图形界限，则不显示绿色线框；中心带"×"的视图框的起始大小与绿色线框的大小相同。移动鼠标即可平移视图框，以便找到缩放显示的中心点。

5. 范围缩放

执行该选项时，不论图形对象画在何处，AutoCAD 将所有的图形全部显示在屏幕上，并最大限度地充满整个屏幕。此时，既可以观察整图，又可以得到尽可能大的显示图像。

6."上一个"缩放

执行该选项时，将返回上一个显示画面。用户可以连续使用该命令，最多可以返回前 10 个画面。如果在视窗中已删除某一实体，在返回的视窗中不显示它。

7. 比例缩放

执行该选项时，用户可以定义缩放比例因子来缩放当前视图，但视图的中心点保持不变。

8. 窗口缩放

执行该选项时，用户可以在屏幕上拾取两个对角点以确定一个矩形窗口，之后系统将矩形范围内的图形放大至整个屏幕。此时，窗口中心变成新的显示中心。如果通过对角点选择的区域与缩放视口的宽高比不匹配，那么该区域会居中显示。

9. 对象缩放

执行该选项时，可以尽可能大地显示一个或多个选定对象，并使其位于绘图区域的中心。

小提示

没有设置大的图形界限而绘制尺寸较大的图形时，图形往往不能在屏幕区显示完整，如果仅用"实时缩放"，在状态行会提示"已无法进一步缩小"，这时可以双击鼠标滚轮进行"范围缩放"，就可以继续缩小了。

4.4　平　移

如果用户不想缩放图形，只是想把图形上下左右移动，可以使用平移视图命令(PAN)。平移视图命令可以重新定位图形，以便看清图形的其他部分，就像把图纸的各部分移动到面前浏览一样。

PAN 命令的执行方式：

命令：PAN

菜单：【视图】→平移→相应选项

"平移"子菜单如图 4-29 所示。

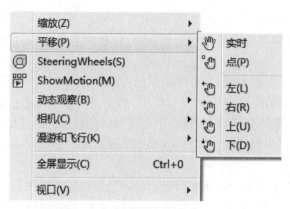

图 4-29 "视图"/"平移"下拉菜单

PAN 命令子菜单中各选项说明如下：

1. 实时平移

此时光标变为手形光标，可用手形光标任意拖动视图，直到满足需要为止。松开鼠标左键则平移停止，用户可根据需要调整鼠标位置继续平移图形。要退出平移状态可按 <Esc> 键或回车键或空格键，也可单击鼠标右键，从右键快捷菜单中选中"退出"项以结束平移操作。

2. 定点平移

用户可以通过输入两点来平移图形。这两点之间的方向和距离便是视图平移的方向和距离。如果仅指定了一个点，即在系统提示输入第二点时按回车键，AutoCAD 将使用第一点的绝对直角坐标作为图形沿 X 轴和 Y 轴移动的距离和方向来移动图形。

3. 上/下/左/右平移

将视图窗口中的图形上、下、左、右平移。

在实际绘图时，也可以使用绘图窗口右边或下面的滚动条实现视图的平移。方法是按住鼠标左键拖动滚动条上的滑块，或点击滚动条两侧的箭头。

小提示

滚轮鼠标是左右键之间有一个小滚轮的双键鼠标。在 AutoCAD 中，可以使用滚轮鼠标在图形中进行缩放、平移，而无须使用任何命令。

1. 实时缩放：滚轮前后旋转，前转放大视图，后转缩小视图。

2. 范围缩放：双击滚轮。

3. 视图平移：按住滚轮不松手，然后拖动鼠标（此时系统变量 MBUTTONPAN 的值为 1）

4.5　重画和重生成

在绘图和编辑过程中,屏幕上常常留下对象的拾取标记,这些临时标记并不是图形中的对象,有时会使当前图形画面显得混乱,另外由于显示精度等问题,常常见到放大后的圆变成了多边形等等,这并不是图形本身出了问题,而是由于屏幕缩放等原因造成的,这时就可以使用 AutoCAD 的重画与重生成图形功能,清除散乱的临时标记、圆滑图形对象。

重画或重生成命令的执行方式:

命令:REDRAW/REGEN

菜单:【视图】→重画/重生成

1. 重画

在 AutoCAD 中,使用"重画"命令,系统将在显示内存中更新屏幕,消除临时标记。使用重画命令(REDRAW),可以更新用户使用的当前视区。

2. 重生成

重生成与重画在本质上是不同的,利用"重生成"命令可重生成屏幕,系统从磁盘中调用当前图形的数据,比"重画"命令执行速度慢,更新屏幕花费时间较长。在 AutoCAD 中,某些操作只有在使用"重生成"命令后才生效,如改变点的模式。

"重生成"命令(REGEN)可以更新当前视区;选择"视图"/"全部重生成"命令(REGENALL),可以同时更新多重视口。

思考与练习

4-1　栅格捕捉与对象捕捉有什么区别?

4-2　正交模式一般在什么情况下使用?正交和极轴可以同时开启吗?

4-3　怎样设置自动捕捉?自动捕捉越多越好吗?

4-4　怎样设置极轴追踪的附加角度?

4-5　怎样查询图形信息?

4-6　重画和重生成命令有何不同?

4-7　怎样缩放和平移视图?鼠标滚轮有什么作用?

4-8　绘制习题图 4-1 的三面投影,做到"长对正、宽相等、高平齐"。

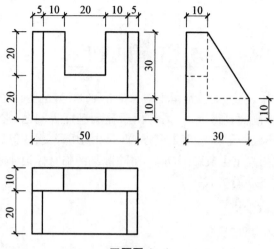

习题图 4-1

4-9 绘制习题图 4-2 的三面投影,做到长对正、宽相等、高平齐。

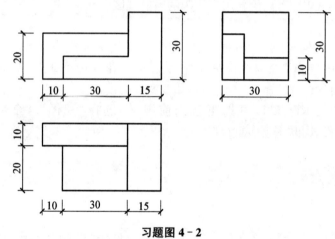

习题图 4-2

4-10 绘制习题图 4-3 的二面投影。

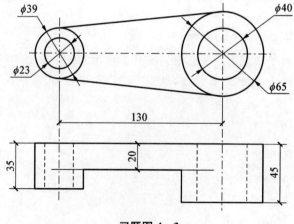

习题图 4-3

4-11　绘制习题图 4-4 的三面投影和轴测图,绘制轴测图要同时开启正交和等轴测草图按钮。

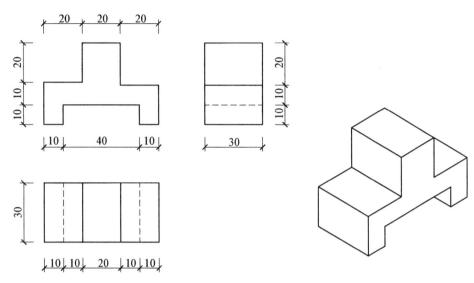

习题图 4-4

🔊 **作业小提示** ~~~~~~

　　完成 4-8 题到 4-11 题时需注意,在绘图时应该做到水平投影和正面投影长对正、水平投影和侧面投影宽相等、正面投影和侧面投影高平齐。这样就需要用到对象捕捉和对象捕捉追踪,记得开启这些功能哦。

~~~~~~

扫码查看

本章作业提示

第五章
二维图形的绘制

【能力目标】

1. 能使用绘图命令绘制各种图形。

【知识目标】

1. 掌握直线和多段线的绘制方法。

2. 掌握圆、圆弧、椭圆、椭圆弧和圆环的绘制方法。

3. 掌握矩形和正多边形的绘制方法。

4. 掌握多线的样式设置和绘制方法。

5. 掌握点的样式设置及单点、多点绘制、定数等分、定距等分对象的方法。

6. 了解修订云线、样条曲线的绘制方法。

7. 掌握使用多种绘图命令绘制图形的方法。

AutoCAD 提供了常用绘图工具,本章介绍直线、圆、圆弧、矩形、正多边形、椭圆、多线、多段线和点等多种图形的绘制方法。

绘图命令的调用有多种方法,首先用户可以通过在工作界面功能区的"绘图"工具栏调用这些绘制命令,如图 5-1 所示。也可以通过【工具】→【工具栏】→【AutoCAD】→【绘图】打开"绘图"工具栏,如图 5-2 所示,也可以通过"绘图"下拉菜单调用这些绘图的命令,如图 5-3 所示。还有一些命令我们只能在命令提示行中输入。

图5-1　功能区"绘图"工具栏

图5-2　绘图工具栏

5.1　绘制直线

启动绘制直线命令,可使用下列方法:

命令: LINE(或 L)
菜单: 【绘图】→直线
功能区: 【绘图】→

直线

命令输入后,AutoCAD 给出如下操作提示:

```
命令: _line
指定第一个点:                    (指定直线起点)
指定下一点或 [放弃(U)]:          (指定第二个点的位置,可以鼠标拾取,也可以输入数值)
指定下一点或 [放弃(U)]:          (指定第三个点的位置,也可以放弃)
指定下一点或 [闭合(C)/放弃(U)]:  
指定下一点或 [闭合(C)/放弃(U)]: *取消*   (按ENTER键结束命令)
```

下面分别介绍各选项的意义:

1. 指定第一个点

这是默认选项,可用鼠标指定点或从键盘键入点的坐标。这种方式包括利用各种对象捕捉工具及追踪工具。实际上,几乎所有的点的输入都可用这些方式。

如果想与已经绘制图形的末端相连,"指定第一个点"提示下直接回车,AutoCAD 会自动将最后一次所画的直线或圆弧的端点作为新直线的起点。

如果最后画的是直线,则直线的终点就是新直线的起点,再往下的提示就和画直线一样了。

如果最后画的是圆弧,则不仅圆弧的终点是新直线的起点,而且确定了新直线的方向为圆弧的切线方向。这提供了直线和圆弧相切连接的简单方法,如图 5-4 所示。

图5-3　绘图下拉菜单

图 5 - 4　直线与已绘制的圆弧末端相连并相切

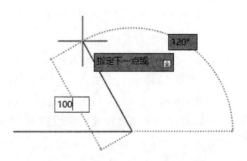

图 5 - 5　直接输入线段长度值

2. 指定下一点

指定下一点可以直接鼠标屏幕拾取一个点,也可以输入相对坐标@(x,y)。还可以用光标的橡皮筋确定线段的方向,用键盘键入线段的长度值。如图 5 - 5 所示,光标橡皮筋在 120°方向,直接键盘输入 100,则在 120°方向画出 100 长的线段。

如果上述输入的光标的橡皮筋角度不好定位,也可以用输入角度,再输入距离的方法确定下一点,这种方法也称"角度替代"。

"角度替代"是一种隐含的可自动执行的命令选项,不在命令提示行中出现。这种方法是在提示"指定下一点"时,先回答线段与 X 轴正向的夹角,即键入"<角度值",再给定线段长度。例如用"角度替代"绘制图 5 - 6 所示的等腰梯形,绘图过程如下:

```
命令: _line
指定第一个点:                            (输入梯形左下角的点)
指定下一点或 [放弃(U)]: <45             (角度替代,与X轴正向的夹角逆时针方向45度,输入<45)
角度替代: 45
指定下一点或 [放弃(U)]: 200            (输入梯形腰线的边长)
指定下一点或 [放弃(U)]: 200            (输入梯形上面边的边长,在极轴追踪0度状态下输入边长200)
指定下一点或 [闭合(C)/放弃(U)]: <-45   (角度替代,与X轴正向夹角顺时针方向45度,输入<-45)
角度替代: 315
指定下一点或 [闭合(C)/放弃(U)]: 200    (输入梯形腰线的边长)
指定下一点或 [闭合(C)/放弃(U)]:        (与第一点闭合)
```

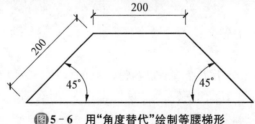

图 5 - 6　用"角度替代"绘制等腰梯形

小提示

多数的绘图命令和编辑命令都可使用"角度替代"方法定位点的方向这一功能。即使在正交、极轴追踪打开时,角度替代中的角度值也不受影响。

3. 放弃(U)

对提示键入"U"后回车,是取消刚输入的一段,并继续提示输入下一点。当输入了多段线段以后该方式可连续多次使用。

4. 闭合(C)

对提示键入"C"后回车,是使最后的一段线段的终点与开始线段的起点重合,形成封闭的图形并结束"LINE"命令。

5.2 绘 制 圆

圆

AutoCAD 提供了 6 种绘制圆的方法,如图 5－7 所示。默认方式是指定圆心和半径方式画圆。命令的输入方法是:

命令:CIRCLE(或 C)
菜单:【绘图】→圆
功能区:【绘图】→ ⊕

图5－7 圆的六种绘制方法

启动直线命令后,AutoCAD 给出如下操作提示:

```
命令: circle
指定圆的圆心或 [三点(3P)/两点(2P)/切点、切点、半径(T)]:        (输入圆心或其他作图方式)
指定圆的半径或 [直径(D)] <30.7793>:                          (输入圆的半径或输入D后输入直径)
```

下面对各种画圆方式进行介绍。

1. 圆心、半径方式

这是默认方式,以给定的圆心和半径方式画圆。输入圆心坐标或拾取圆心后,再输入半径或拾取点作为半径画圆,每次输入的半径值作为下一次绘制圆的默认半径值。

2. 圆心、直径方式

这是通过指定圆心和直径绘制一个圆。

3. 三点(3P)

通过输入指定 3 个点(注意该 3 点不能在一直线上)绘制圆。对主提示键入 3P 后回车,既可指定三个点绘制圆。

4. 两点(2P)

通过指定直径的两个端点画圆。

5. 相切、相切、半径(T)

选取与圆相切的两个对象,然后输入圆的半径,即可画出所需的圆,对主提示键入 T 后回车既可绘制。用这种方式画圆,可以解决工程上圆弧连接的问题,如图 5-8 所示。(剪切内容参见第 6 章)

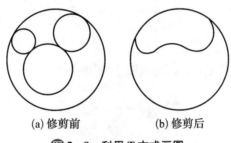

(a) 修剪前   (b) 修剪后

图5-8 利用 T 方式画圆

6. 相切、相切、相切(A)

这种方式不在命令行选项中,用户可直接点击功能区"绘图"里"圆"下边的 ▼,绘图方式中 ⬚ 就是这种相切方式,所画的圆与三个指定的对象相切,图5-9给出了相应例子。

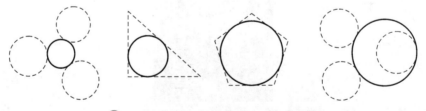

图5-9 用相切、相切、相切(A)方式画圆

小提示

    用 T 方式画公切圆时,相切的情况常取决于所选切点的位置及切圆半径的大小,切点选取的位置不同,画出的圆有可能内切也有可能外切,另外公切圆半径不能太小,否则提示圆不存在。而用相切、相切、相切(A)方式画圆时,相切的情况主要取决于所选切点的位置。

圆弧

5.3 绘制圆弧

AutoCAD 提供了 11 种绘制圆弧的方法,如图 5 - 10 所示。默认方式是指定三点画弧。

圆弧命令的输入方法是:

命令:ARC(或 A)
菜单:【绘图】→圆弧
功能区:【绘图】→

用上述方式中的任一种命令输入后,我们就可以根据不同的已知条件绘制圆弧了。下面仅对几种常用的画弧方法予以说明

1. 三点绘制圆弧

三点绘制圆弧就是通过指定圆弧起点即第一点,圆弧上的第二个点以及圆弧的终点来生成一段圆弧。

2. 起点、圆心、端点方式画圆弧

当已知圆弧的起点、圆心和端点时,可选择这一方式画弧。给出弧的起点、圆心之后,弧的半径就已经确定,终点只决定弧的长度。弧并不一定通过端点,端点和中心的连线是弧长的截止位置。

3. 起点、圆心、长度方式画圆弧

当给定圆弧的起点、圆心和圆弧的弦长(即弧的两端点的距离)时,可以采用这种方式绘制圆弧。一般情况下,若指定弦长为正,则得到与弦长相应的最小的弧(即短弧);反之,若指定

图 5 - 10 画圆弧的方式

弦长为负,则得到与弦长相应的最大的弧(即长弧)。输入的弦长数值不能超过圆弧的直径,否则会提示"输入值无效"并取消命令。

4. 起点、端点、角度方式画圆弧

当给定圆弧的起点、端点和圆弧的扇面角(即弧的两端点与圆心连线的夹角)时,可以采用这种方式绘制圆弧。

角度测量方向默认逆时针为正(打开"格式"下拉菜单中"单位",查看对话框中"顺时针"是否开启,默认为不开启),当输入的角度值为正值,按逆时针方向从起点到端点绘制圆弧;输入的角度为负值,则按顺时针方向从起点到端点绘制圆弧。

5. 起点、端点、方向方式画圆弧

当给定圆弧的起点、端点和圆弧在起始点的切线方向时,可以采用这种方式绘制圆弧。

6. 连续方式画圆弧

该选项可以绘制一段新圆弧,且圆弧从之前最后绘制的直线或圆弧的终点开始,并且与前直线或圆弧相切。如图 5 - 11 所示,首先三点方式通过 123 点绘制圆弧,然后点击圆弧连

续方式,就可以过 3 点绘制连续的光滑连接的圆弧至 4 点,继续点击圆弧连续方式绘制圆弧至 5 点,结束命令。然后输入直线命令后回车,直线从 5 点开始绘制直线 56 与圆弧 45 段相切,结束直线命令后,重新点击圆弧连续命令,圆弧从 6 点开始绘制到 7 点,67 段圆弧与直线 56 相切。

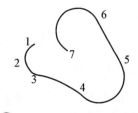

图 5‑11　直线、圆弧相续接

　　圆弧的绘制方式还有几种,不再赘述。实际绘图时,用户可以根据具体的已知条件选择绘制圆弧的方法。

5.4　绘制矩形

矩形

绘制矩形命令的输入方法是:

命令:RECTANG 或 RECTANGLE(或 REC)
菜单:【绘图】→矩形
功能区:【绘图】→▣

矩形命令输入后,给出如下提示:

命令: _rectang
▢▾ **RECTANG 指定第一个角点或** [倒角(C)] [标高(E)] [圆角(F)] [厚度(T)] [宽度(W)]:

下面对各选项分别进行介绍。

1. 指定第一个角点

这是默认方式。当指定矩形第一对角点后,AutoCAD 会提示

指定另一个角点或 [面积(A)/尺寸(D)/旋转(R)]:(输入另一角点或键入 A、D、R 之一回车)

　　(1) 如果输入另一角点,则两个角点可确定矩形。输入另一角点可以用鼠标拾取,也可以利用相对坐标@(x,y)输入确切的尺寸。如果移动鼠标到另一角点方向(不单击鼠标)后键入数字回车,则数字是矩形对角线的长度,而方向为鼠标光标所在的位置,如图 5‑12 所示。

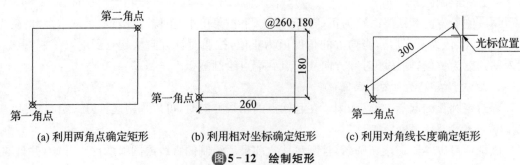

(a) 利用两角点确定矩形　　　(b) 利用相对坐标确定矩形　　　(c) 利用对角线长度确定矩形

图 5‑12　绘制矩形

（2）如果键入 A 回车，是使用面积与长度或者面积与宽度创建矩形。

指定另一个角点或［面积（A）/尺寸（D）/旋转（R）］：A↙

输入以当前单位计算的矩形面积＜默认值＞：（键入面积后回车）

计算矩形标注时依据［长度（L）/宽度（W）］＜长度＞：（输入 L 或 W）

输入矩形长度＜默认值＞：（给定长度或者宽度数值）

（3）键入 D 回车，就是按长和宽绘制矩形。根据提示给出图形的长宽数值即可。

（4）如果输入 R 回车，就是按指定的旋转角度创建倾斜的矩形。

2. 倒角（C）

设定矩形四角为倒角并设定倒角的大小。选择这一选项后，AutoCAD 会提示：

指定矩形的第一个倒角距离＜0.0000＞：（键入数值后回车）

指定矩形的第二个倒角距离＜30.0000＞：（键入数值后回车）

指定第一个角点或［倒角（C）/标高（E）/圆角（F）/厚度（T）/宽度（W）］：

设定完两个倒角距离后，重新回到第一次的提示。注意：设置完两个倒角距离后，AutoCAD 将始终以这两个参数绘制矩形倒角，直到重新设置新的倒角参数为止。如图 5－13 所示。

  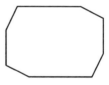

(a) 没有倒角的矩形　　(b) 第一、第二倒角相等的矩形　(c) 第二、第一倒角不相等的矩形

图 5－13　绘制带倒角的矩形

3. 圆角（F）

该选项可以设定矩形四角为圆角并确定圆角半径的大小。选择这一选项后，AutoCAD 会提示用户指定矩形的圆角半径，设置完圆角半径后，重新回到第一次的提示。注意：设置完圆角半径后，AutoCAD 将始终以这一半径绘制圆角矩形，直到重新设置新的圆角半径为止。带圆角矩形如图 5－14 所示。

图 5－14　绘制带圆角的矩形

小提示

　　设置的圆角如果不显示，有可能圆角值过大，此值如果大于矩形边长的一半，则做不出来；或者给出的圆角值太小，当前屏幕下显示不出来，使用缩放命令放大以后就可以看到圆角了。如果需要退回到不带圆角的矩形，则需要重新输入圆角值为 0。

4. 标高（E）

标高可以确定矩形在三维空间内的基面高度。

5. 厚度(F)

厚度也是一个三维空间的概念。矩形厚度是矩形沿 Z 轴方向的高度。

6. 宽度(W)

宽度用来设置线条宽度。选择这一选项后，AutoCAD 会提示用户指定矩形的线条宽度，如图 5-15 所示。设置完宽度后，重新回到第一次的提示。注意：设置完宽度后，AutoCAD 将始终以这一线条宽度绘制矩形，直到重新设置新的线条宽度为止。如果想退回不带宽度的直线条，需要将宽度值重新设置为零。

图 5-15　绘制带线宽的矩形

5.5　绘制正多边形

正多边形

AutoCAD 的正多边形命令可以画 3 到 1024 边的正多边形。在工程设计中正多边形用得较多，绘制正多边形可以用下列三种方式：

命令：POLYGON(或 POL)

菜单：【绘图】→正多边形

功能区：【绘图】→

命令输入后，AutoCAD 提示：

输入侧面数<4>：(输入正多边形边的数目)

指定正多边形的中心点或 [边(E)]：(输入正多边形边的中心点或输入"E"回车)

主提示的两个选项说明如下：

1. 指定多边形的中心点

这是默认选项，指定正多边形的中心点，用户可以在屏幕上用鼠标指定一点或者输入点坐标，接下来会提示：

输入选项 [内接于圆(I)/外切于圆(C)]<I>：(输入"I"或"C"回车)

(1) 如果键入"I"回车，或直接回车，则是画内接于圆的正多边形。接下来会提示：

指定圆的半径：(输入半径)

这个半径等于正多边形的中心到多边形顶点的距离，即多边形的所有顶点都在一个假想的圆周上，而辅助圆并不用真正画出来，如图 5-16(a) 所示。

(2) 如果键入"C"回车，则是画外切于圆的正多边形。接下来会提示：

指定圆的半径：(输入半径)

这个半径等于正多边形的中心到多边形的边的距离，假想圆在多边形的内部，并与多边形的边相切,如图 5 - 16(b)所示。

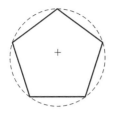
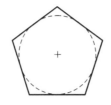
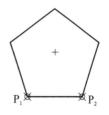

(a) 内接于圆画正多边形　　(b) 外切于圆画正多边形　　(c) 给定边长画正多边形

图 5 - 16　绘制正多边形的方法

2. 指定多边形的边长(E)

如果以正多边形的边长来绘制正多边形,AutoCAD 会提示:

指定正多边形的中心点或[边(E)]:E↙

指定边的第一个端点:(输入边的一个端点 P1)

指定边的第二个端点:(输入边的另一个端点 P2)

用此方式,只要指定正多边形的一个边的两个端点,AutoCAD 就按逆时针方向以该边为第一条边绘制出一个正多边形,如图 5 - 16(c)所示。

二维多段线

5.6　绘制二维多段线

多段线是由若干个直线段和圆弧相连而成的整体对象,可以是直线段也可以弧线段,也可以是直线段与弧线段的组合,而且每段的宽度也可以不同,如图 5 - 17 所示。

在 AutoCAD 中,多段线分为二维的和三维的,分别用不同命令来实现,本章仅介绍二维多段线的绘制。

启动多段线命令有三种方式:

命令:PLINE(或 PL)

菜单:【绘图】→多段线

功能区:【绘图】→

命令输入后提示:

图 5 - 17　多段线示例图

```
命令: pline
指定起点:                                    (指定或输入多段线的起始点坐标值)
当前线宽为 0.0000                            (当前线宽的值取决于最近一次的设置)
指定下一个点或 [圆弧(A)/半宽(H)/长度(L)/放弃(U)/宽度(W)]:  (指定一点或输入其它选项后回车)
```

下面将详细介绍各选项的含义及使用方法。

1. 指定下一点

该选项是默认的选项。如果用户直接指定一个点,AutoCAD 将画出一段直线,然后继续给出提示：

指定下一点或［圆弧(A)/闭合(C)/半宽(H)/长度(L)/放弃(U)/宽度(W)］：

如果用户不断地以点回答，则 AutoCAD 就会画出由若干直线段构成的折线，最后用户可以用一个空回车结束命令。

2. 宽度(W)、半宽(H)

宽度(W)选项可以用来指定线段起点和终点的线宽。选择该选项后，AutoCAD 提示如下：

指定起点宽度＜0.0000＞：(输入多段线的起点线宽)

指定端点宽度＜0.0000＞：(输入多段线的终点线宽)

在这样的提示下可直接输入宽度值或通过在屏幕上选取两点来指定宽度值，也可以空回车响应直接接受宽度的默认值，但注意，起点的默认值并不每次都是 0，它取决于最近一次的设置，而终点宽度的默认值则自动采用起点宽度。若起点的宽度和终点的宽度值不同，则绘制变宽度的多段线，如图 5-18 所示。

图5-18　变宽度的多段线

使用半宽(H)选项就是要用户输入上述宽度的一半的值。

具有宽度的多段线，其起点和端点定位在多段线的线宽中心点。

3. 长度(L)

长度(L)选项可以用来继续绘制一指定长度的线段。该线段会沿着前一段多段线的方向或前一段圆弧的切线方向绘制。在主提示下键入"L"后回车，AutoCAD 提示如下：

指定直线的长度：(输入长度)

对直线的长度值可从键盘键入，也可用光标拾取一点，长度值为端点到光标橡皮筋固定端的距离。

4. 放弃(U)、闭合(C)

放弃(U)选项可取消所绘制的前一段多段线，重复使用可以删除多段线段，直至多段线的起点。

闭合(C)选项是绘制一条闭合的多段线，以一条直线段连接多段线的终点和起点，形成闭合后，退出 PLINE 命令。

5. 圆弧(A)

该选项将直线模式转为圆弧模式，用于在多段线中画出圆弧。一旦进入该模式，多段线将开始画圆弧，直到结束命令或将其转换回画直线模式(L)。AutoCAD 提示如下：

指定圆弧的端点或［角度(A)/圆心(CE)/方向(D)/半宽(H)/直线(L)/半径(R)/第二个点(S)/放弃(U)/宽度(W)］：

在绘制多段线中的圆弧时，圆弧上的第一点是上一个多段线线段的端点。在缺省情况下，只需指定端点即可画出与上一个圆弧段或直线段相切的圆弧段。当然，用户也可选择其他选项来画出其他需要的圆弧或实现其他功能，下面对其各项提示解释如下：

(1) 指定圆弧的端点，这是默认选项，提示用户指定圆弧的端点，AutoCAD 以前一段的端点为起点，以指定点为圆弧终点，并与前段相切的办法绘出圆弧。不断地指定点，可绘制彼此相切的圆弧段。

（2）角度（A）

指定圆弧的包含角,然后根据提示分别指定圆弧的圆心、半径或圆弧的端点。以此绘制圆弧,注意角度的输入,角度为正值,圆弧以逆时针方向绘制。

（3）圆心（CE）

指定圆弧的圆心,然后根据提示指定圆弧的包含角、长度或圆弧的端点。

（4）方向（D）

指定要绘制圆弧段的起点的切线方向,然后指定端点即可。

（5）半宽（H）

与直线段模式中的半宽选项相同。

（6）直线（L）

圆弧模式转为直线模式。

（7）半径（R）

指定圆弧半径,然后指定端点或角度。所绘制的圆弧相切于上一个线段。

（8）第二个点（S）

指定另外的两个点以确定圆弧,此方式等同于三点绘制圆弧。

（9）放弃（U）

删除上一个绘制的多段线线段。

（10）宽度（W）

与直线段模式中的宽度选项相同。

5.7 绘制样条曲线

样条曲线

样条曲线是经过或者接近一系列给定点的光滑曲线。样条曲线非常适合绘制各种不规则弯曲的曲线,如工程图分层剖切中的波浪线边界等。整个的样条曲线是一个单一的对象,可以统一编辑。

在 AutoCAD 中,样条曲线通过的点包括"拟合点"和"控制点"二种。

启动绘制样条曲线的方式如下:

命令:SPLINE（或 SPL）

菜单:【绘图】→样条曲线

功能区:【绘图】→【样条曲线拟合】按钮 或者【样条曲线控制点】按钮

样条曲线拟合方式是通过指定的点绘制样条曲线;样条曲线控制点方式是绘制一条距离控制点综合计算最近的一条曲线,区别如图 5－19 所示。

(a) 样条曲线拟合

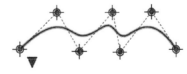

(b) 样条曲线控制点

图 5－19   样条曲线图例

5.8 绘制修订云线

修订云线

云线是由连续圆弧组成的多段线,线中弧长的最大值和最小值可以自由设定。在圈阅图形时,用户可以使用云线进行标记。

启动绘制修订云线的方式一般有如下三种:

命令:REVCLOUD

菜单:【绘图】→修订云线

功能区:【绘图】→▣

点击▣旁边的▼可以打开如图 5-20 所示的三种云线。

命令输入后提示:

图 5-20 云线样式

```
命令: revcloud
最小弧长: 375.4695    最大弧长: 750.939    样式:普通    类型:矩形
指定第一个角点或 [弧长(A)/对象(O)/矩形(R)/多边形(P)/徒手画(F)/样式(S)/修改(M)] <对象>: _R
```

▢ ▼ **REVCLOUD** 指定第一个角点或 [弧长(A) 对象(O) 矩形(R) 多边形(P) 徒手画(F) 样式(S) 修改(M)] <对象>:

该提示有八个选项,下面分别介绍:

1. 指定第一角点

这是以默认的弧长开始画矩形云线,指定矩形对角线的二个点,就可以按最大和最小弧长生成云线,如图 5-21(a)所示。

2. 弧长(A)

该选项可以改变云线的弧长,输入A 后回车,命令行会提示"指定圆弧的大约长度",按需要输入一个值,例如100,绘制的矩形云线如图 5-21(b)所示。

(a) 系统默认弧长　　　　(b) 改变弧长

图 5-21 矩形云线

3. 对象(O)

该选项是选择要转换为云线的对象。可以转换为云线的对象包括直线、圆、圆弧、椭圆、椭圆弧、多段线、样条曲线等。如图 5-22 所示,将二条平行线中的一条直线转换为云线了。

(a) 对象方式将直线改为云线　　　　(b) "手绘"样式

图 5-22 云线选项

4. 矩形(R)

该选项可以绘制矩形,矩形的边为云线。

5. 多边形(P)

该选项可以绘制多边形,多边形的边为云线。

6. 徒手画(F)

该选项可以绘制各种弧长的云线。

7. 样式(S)

该选项是选择修订云线的样式。输入"S"后回车,选择圆弧样式为手绘,则绘制出如图 5 - 22(b)所示的云线。

8. 修改(M)

该选项可以修改已经绘制的云线,输入"M"后回车,提示"选择要修改的多段线",可以选中云线的一条弧进行修改。

点、定数与
定距等分

5.9　绘制点对象、定数等分、定距等分

在 AutoCAD 中,点的用途是标记位置或者作为参考点,例如标记圆心、等分点、端点等等。点也能被编辑,可以设置点的样式和大小。

▶ 5.9.1　设置点的样式和大小

命令输入方式:

命令:DDPTYPE

菜单:【格式】→点样式

功能区:【实用工具】→

命令输入后,弹出如图 5 - 23 所示的对话框。

默认情况下点样式是图中左上角的点图案,绘制点时如果与其他对象重叠,可能会误以为点对象不存在,一般绘制点时首先从对话框用鼠标单击选择其他的点样式。

"点大小"文字框用于设定点标记在屏幕上显示的大小。点标记的大小有两种设置:一是点标记相对屏幕设置大小,这时若把点所在的一个区域放大,再用重生成 REGEN 命令,点标记就会变到放大前的大小;另一种是设置点的绝对大小,这时若把点所在的一个区域放大,点标记放大,再用重生成 REGEN 命令,点标记的大小不变。

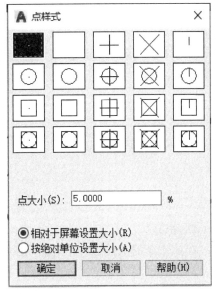

图 5 - 23　"点样式"对话框

▶ 5.9.2　绘制点

绘制点命令有下列三种方式:

命令:POINT(或 PO)

菜单:【绘图】→【点】→单点(或:多点)

功能区:【绘图】→

命令启动后,用户可按提示指定点的位置或输入点的坐标值,直到结束时可按键盘上的 ESC 键结束操作或者执行其他命令。

5.9.3 定数等分(DIVIDE)

如果需要等分直线、圆弧等,可以用该命令。其启动方式有:

命令:DIVIDE(或 DIVI)
菜单:【绘图】→【点】→定数等分
功能区:【绘图】→

命令启动后,提示:

```
命令: divide
选择要定数等分的对象:              (选择被等分的对象,如直线、圆弧等)
输入线段数目或 [块(B)]: 5          (输入数目或B)
```

1. 输入数目

用户可按要求输入具体数值,如图 5-24,可以五等分直线或圆弧。但需要注意的是,许多用户在使用了该命令等分完某个对象之后觉得图形上没有任何变化,实际上这是因为系统默认的点样式是一个细点,这个点重合于所等分的对象时,就会造成看不见的误会,这时,用户可参照前述内容进行点样式的设置。当然,即使用户不改变点的样式,只要这样的点存在,用户可以采用对象捕捉,采用捕捉"节点"的方式来找到这些点。

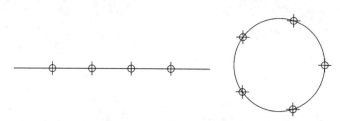

图 5-24　五等分直线和圆

2. 块(B)

在该命令的执行过程中,用户也可根据提示选择用块(块的内容参见第八章)来等分对象。例如可以用事先定义好的块(块名:正方形)来作为等分圆周的标记。输入命令后操作如下:

选择要定数等分的对象:(选择被等分的圆)

输入线段数目或[块(B)]: b↙

输入要插入的块名:正方形

是否对齐块和对象?[是(Y)/否(N)]<Y>:↙

输入线段数目:5

操作结果如图 5-25 所示。

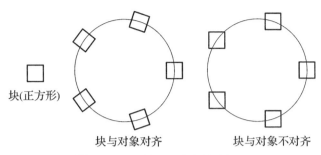

图 5 - 25 以块作为定数等分标记

5.9.4 定距等分(MEASURE)

该命令用于将图形按一定长度距离进行等分,直到剩余部分不够等分长度为止。命令启动方式如下:

命令:MEASURE（或 ME）
菜单:【绘图】→【点】→定距等分
功能区:【绘图】→ ▓

命令启动后提示如下:

```
命令: measure
选择要定距等分的对象:              (选择被等分的对象,如直线、多段线等)
指定线段长度或 [块(B)]: 指定第二点:   (给定定距距离)
```

选择要定距等分的对象,然后为其指定等分距离,也可在屏幕上指定两点作为等分距离。定距等分结果如图 5 - 26 所示。

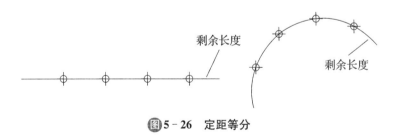

图 5 - 26 定距等分

5.10 绘制椭圆和椭圆弧

椭圆与椭圆弧

椭圆和椭圆弧的确定参数是中心、长轴和短轴。启动绘制椭圆命令可以用下列三种方式:

命令:ELLIPSE(或 EL)
菜单:【绘图】→椭圆

功能区:【绘图】→

椭圆的绘制方法如图 5 - 27 所示,下面分别介绍绘制方法。

1. 圆心方式

这种方式通过指定椭圆中心点、长轴和短轴的半轴长度(或端点)绘制椭圆。

图 5 - 27　椭圆与椭圆弧绘制方式

```
命令: _ellipse
指定椭圆的轴端点或 [圆弧(A)/中心点(C)]: _c
指定椭圆的中心点:                    〈指定椭圆的中心点,可以在屏幕中拾取〉
指定轴的端点:                        〈指定第一根轴的一个端点〉
指定另一条半轴长度或 [旋转(R)]:      〈输入另一半轴的长度或指定另一轴的一个端点〉
```

2. 轴、端点方式

这种方式通过指定一个轴的两端点和另一个轴的半轴长来绘制椭圆。

```
命令: ellipse
指定椭圆的轴端点或 [圆弧(A)/中心点(C)]:
指定轴的另一个端点:
指定另一条半轴长度或 [旋转(R)]:        〈输入另一半轴长度或者键入R回车〉
```

在输入另一条半轴长度时,可以键入长度值,也可以移动鼠标,在屏幕上指定一点,该点到椭圆中心点的距离为另一条半轴长。

若键入 R 回车,则另一条半轴的长度由"旋转(R)"选项确定。旋转不是通常意义上整个椭圆的旋转,而是指一个圆绕其直径旋转一定角度后,圆在与直径平行的平面上的投影就成一椭圆,椭圆的长轴是圆的直径,保持不变,短轴由旋转角确定,短轴的长度等于长轴长度乘以旋转角的余弦。若旋转角度为 0°,则会画出一个圆,旋转角度的最大值为 89.4°,此时,椭圆看上去像一条直线。图 5 - 28 表明了相同长轴的椭圆随旋转角度的不同而变化的情况。

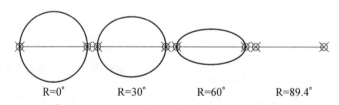

R=0°　　　　R=30°　　　　R=60°　　　　R=89.4°

图 5 - 28　通过定义长轴和椭圆转角 θ 绘制椭圆

3. 椭圆弧

AutoCAD 专门为用户提供了绘制椭圆弧的方法。当然用户也可以先画出完整的椭圆,再修剪成所需的椭圆弧。

命令输入后提示为:

```
命令: _ellipse
指定椭圆的轴端点或 [圆弧(A)/中心点(C)]: _a
指定椭圆弧的轴端点或 [中心点(C)]:
指定轴的另一个端点:
指定另一条半轴长度或 [旋转(R)]:
指定起点角度或 [参数(P)]:              〈输入起始角度或指定起始角度的位置〉
指定端点角度或 [参数(P)/夹角(I)]:      〈输入终止角度或终止角度的位置〉
```

注意,角度逆时针方向为正,顺时针方向为负。绘图结果如图 5-29 所示。

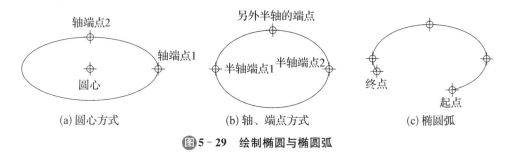

图 5-29 绘制椭圆与椭圆弧

5.11 绘制圆环

圆环

绘制圆环的方式如下:

命令:DONUT(或 DO)

菜单:【绘图】→圆环

功能区:【绘图】→ ◉

命令输入后提示为:

```
命令:_donut
指定圆环的内径 <100.0000>: 指定第二点:   (指定圆环内径可以输入内径数值,也可以在屏幕拾取二点,二点间距就是内径)
指定圆环的外径 <200.0000>: 指定第二点:   (指定圆环外径可以输入外径数值,也可以在屏幕拾取二点,二点间距就是外径)
指定圆环的中心点或 <退出>:              (用光标指定圆环的中心点或输入圆心坐标)
```

各种圆环绘制情况如图 5-30 所示。当用户指定的内径与外径相等时,将画出一个圆一样的圆环,而当内径为 0 时,可画出实心圆。

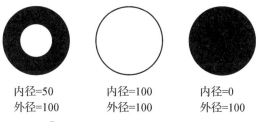

内径=50   内径=100   内径=0
外径=100   外径=100   外径=100

图 5-30 不同内径、外径的圆环

🐸一小提示

系统变量 FILLMODE 的值默认为 1 即填充模式;如果 FILLMODE 的值设为 0,即填充模式为不填充,则上述圆环的实心部分将显示为空心。如图 5-31 所示。同时,系统变量 FILLMODE 也会影响到多线、多段线、矩形、图案填充的填充效果。修改系统变量 FILLMODE 的值以后用"视图"菜单下的"重生成"命令重新生成图形,以前绘制的填充图形也会变成非填充状态。

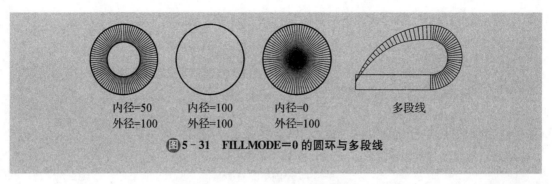

内径=50　　内径=100　　内径=0　　　多段线
外径=100　　外径=100　　外径=100

图 5-31　FILLMODE=0 的圆环与多段线

5.12　绘制多线

多线

▶ 5.12.1　设置多线样式

默认的多线样式是两条平行线。多线样式命令 MLINESTYLE 可以创建新的多线样式或编辑已有的多线样式,命令的输入方式如下:

命令:MLSTYLE

菜单:【格式】→多线样式

命令输入后,弹出"多线样式"对话框,如图 5-32 所示。

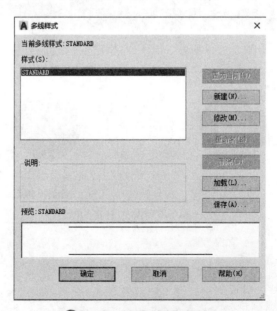

图 5-32　"多线样式"对话框

对话框说明如下:

1. 样式(S)列表框

显示当前图形中包含的多线样式列表,默认只有 STANDARD 一种样式。

2."说明"栏

显示在多线样式列表框中选定的多线样式的说明

3."预览"栏

显示在多线样式列表框中选定的多线样式的名称和图像。

4."置为当前"按钮

设置当前将要使用的多线样式。从"样式"列表中选择一个多线样式名称,然后置为当前,绘图时会以当前样式绘制多线。

5."新建"按钮

用于创建新的多线样式。单击"新建"按钮,打开"创建新的多线样式"对话框,如图5－33所示。

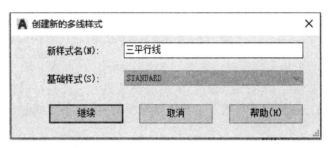

图5－33　"创建新的多线样式"对话框

在"创建新的多线样式"对话框中,首先在"新样式名(N)"文字框中输入新的多线样式名称,例如"三平行线",然后单击"继续"按钮,打开"新建多线样式"对话框,如图5－34所示。

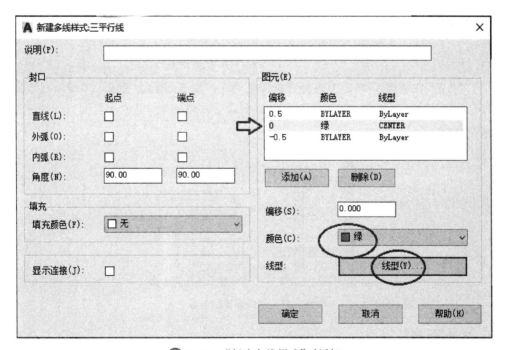

图5－34　"新建多线样式"对话框

"新建多线样式"对话框的使用方法如下：

（1）"说明"文字框：如果有必要，可以在此键入多线样式的简单说明和描述，包括空格在内不能超过 255 个字符。

（2）"图元"栏：在图元栏可以用"添加"或"删除"按钮来添加或删除多线元素对象，图5-34 显示添加了一条偏移为零、颜色绿色的一条中心线。如果这时单击"确定"按钮，并返回"多线样式"对话框，就可以用新建的多线样式绘图了，绘图结果见图5-35。

(a) 用STANDARD 样式绘制的多线　　　(b) 用新建"三平行线"样式绘制的多线

图 5-35　不同多线样式绘图

（3）"封口"栏：封口栏主要用于设置多线的起点和终点的外观。图 5-36 分别显示了将封口设置为"直线""外弧""内弧"和"角度"时的绘图效果。内弧封口时，只对多线里边的元素封口，最外面的两条线的起点和端点不被连接起来，所以如果多线元素小于四条线，选用内弧封口和不封口的效果一样。

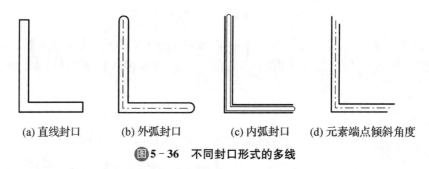

(a) 直线封口　　　(b) 外弧封口　　　(c) 内弧封口　　　(d) 元素端点倾斜角度

图 5-36　不同封口形式的多线

（4）"填充"栏：控制多线是否进行背景颜色填充。图 5-37(a)显示了多线填充效果。

（5）"显示连接"复选框：选中该复选框，在每段多线端点处，显示元素端点间的连线，如图 5-37(b)所示。

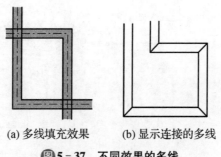

(a) 多线填充效果　　　(b) 显示连接的多线

图 5-37　不同效果的多线

6."修改"按钮

单击"修改"按钮，打开"修改多线样式"对话框，从中可以修改选定的多线样式。

◉一小提示

"修改"按钮只能对未曾使用的多线样式进行修改,如果图形中已经使用了某种多线样式,则该样式就不能再被修改,"修改"图标灰色显示。

7. "重命名"按钮

选中未曾使用的多线样式,单击"重命名"按钮,多线样式名可重新输入。不能重命名STANDARD 多线样式。

8. "删除"按钮

单击"删除"按钮,可以删除没有使用过的多线样式,不能删除 STANDARD 多线样式、当前多线样式和已经使用的多线样式。

9. "加载"按钮

单击"加载"按钮,可以打开"加载多线样式"对话框,用户可以从中加载多线样式。

10. "保存"按钮

从多线样式列表中选择一种多线样式,然后单击"保存"按钮,可打开"保存多线样式"对话框,选定的多线样式可保存或复制到多线库(*.mln)文件。

▐▶ 5.12.2　多线命令

可用下列方式启用多线命令:

命令:MLINE(或 ML)

菜单:【绘图】→多线

启动多线命令后,AutoCAD 给出如下操作提示:

```
命令: _mline
当前设置: 对正 = 上, 比例 = 20.00, 样式 = STANDARD
指定起点或 [对正(J)/比例(S)/样式(ST)]:        (指定起点或输入相应选项)
指定下一点:                                    (指定下一点)
指定下一点或 [放弃(U)]:
```

一般绘图时首先要调整对正方式和比例,下面介绍各选项。

1. 对正(J)

输入对正(J)则系统将提示:

输入对正类型 [上(T)/无(Z)/下(B)]<上>:

光标有三种位置对正方式,上(T)表示当按坐标系 X 轴正向画多线时,光标位于多线靠上的那条线上;无(Z)表示指定光标位置将位于双线正中;下(B)表示当按坐标系正向画多线时,光标位于靠下的那条线上。

2. 比例(S)

比例(S)选项用来设定多线的宽度。在 STANDARD 多线样式中,两元素的默认偏移量分别为-0.5 和 0.5,所以两元素之间的默认距离为 1。因此当比例的数值设置为 240,则所绘制的多线两元素间的距离也为 240,调整比例的数值就是调整多线两线间的距离。

3. 样式(ST)

样式(ST)选项用来选择已经定义过的多线的样式。

5.13   图案填充

图案填充是使用图案对指定的图形区域进行填充的操作,一般用于剖面图中,可以使用不同的图案填充来表达不同的区域或建筑材质;图案填充有三种模式:图案填充、渐变色填充和边界。

▶ 5.13.1   设置图案填充

图案填充,命令的输入方法是:

命令:BHATCH
菜单:【绘图】→【图案填充】
功能区:【绘图】→ ▦

执行以上命令,可以打开"图案填充编辑器"选项卡,如图 5-38 所示。

图 5-38   "图案填充编辑器"选项卡

下面分别介绍各选项组的内容:

1. 边界

"边界"选项组中用于指定图案填充的区域,指定填充区域可以"拾取点""选择"和"删除""重新创建"等方式,其功能如下。

(1)"拾取点"按钮:以拾取点的形式来指定填充区域的边界。单击该按钮后在需要填充的区域内任意指定一点,系统会自动计算出包围该点的封闭填充边界,同时在边界内填充图案。如果在拾取点后系统不能形成封闭的填充边界,则会显示错误提示信息,并在图形中圈出不能闭合的区域,如图 5-39 所示。

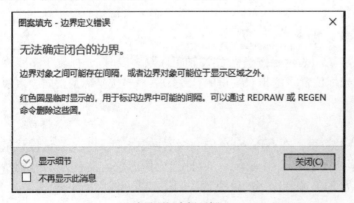

(a) 边界不闭合提示框

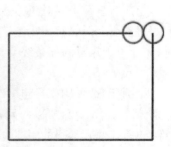

(b) 不闭合处细节提示

图 5-39   "边界不闭合"提示

（2）"选择"按钮：单击该按钮，可以通过选择对象的方式来定义填充区域的边界。

（3）"重新创建边界"按钮：重新创建图案填充边界。

2. 图案

"图案"选项组中，可以通过点击滚动条![按钮，展开图案，也可以点击滚动条下面的![，展开全部图案。选择一个填充图案，可以对图形区域进行填充。图案类型如图 5－40 所示。

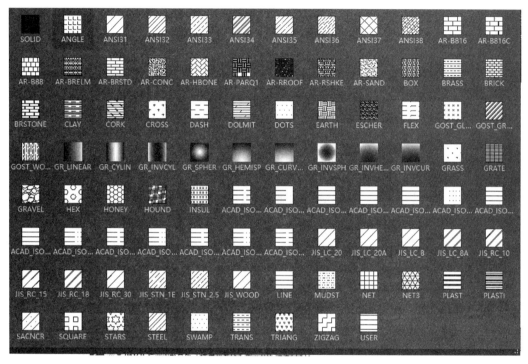

图 5－40　图案类型

3. 特性

"特性"选项组中包含的内容如图 5－41 所示，有图案类型、图案填充颜色随层特性、填充背景色选择、透明度、角度和比例等选项。

图 5－41　图案填充"特性"选项组

（1）"图案" ：单击下拉按钮，可以选择系统中所有的填充图案；"用户定义"则采用用户定制的图案，这些图案保存在".pat"类型的文件中。

（2）"颜色"：单击下拉按钮，可以选择填充图案的颜色，默认应该随层。

（3）"背景色"：单击下拉按钮，可以选择填充区域背景色的颜色，默认无。

（4）"图案填充透明度"：拖动滑块，可以设置图案填充的透明度。

（5）"角度"：拖动滑块或直接输入填充图案的旋转角度，默认旋转角 0 度。

（6）"比例"：设置图案填充时的比例值，每种图案在定义时的初始比例为 1，可以根据需要放大或缩小。比例数值控制图案填充的疏密程度，比例大则图案稀疏，比例小图案密集。

（7）"图层"：指定图案填充所在的图层。

（8）"相对于图纸空间"：适用于布局模式，用于设置相对于布局空间的比例因子。

（9）"双"：只有在选择"用户定义"选项时才可以用。用于绘制二组相互成 90 度的直线填充图案，构成相互交叉的填充效果。

（10）"ISO 笔宽"：设置笔的宽度，当填充图案采用 ISO 图案时，该选项才可用。

4. 原点

在"图案填充"选项卡的"原点"选项组中，可以设置图案填充原点的位置，如图 5 - 42 所示为展开"原点"面板中隐藏的选项。

AutoCAD 默认使用当前 UCS 的原点（0,0）作为图案填充原点，也可以以填充边界的左下角、右下角、右上角、左上角或圆心作为图案填充原点；选择"存储为默认原点"，可以将指定的点存储为默认的图案填充原点。

这个选项一般不设置。

图 5 - 42　图案填充"原点"选项组图

图 5 - 43　图案填充"选项"选项组

5. 选项

"图案填充"选项卡的"选项"选项组如图 5 - 43 所示。

（1）"关联"：用于创建边界变化时随之更新的图案填充，填充图案与边界关联，边界变化，填充图案随之填充满新边界。

（2）"注释性"：指定图案填充为可注释特性。

（3）"特性匹配"：使用选定的图案填充的特性匹配给新的图案填充对象，原点除外。

点击下拉按钮,在下拉列表框中选择"使用当前原点"和"使用原图案原点"二个选项。

(4)"允许的间隙":指定要在几何对象之间桥接最大的间隙,这些对象经过延伸后将闭合边界。AutoCAD软件中默认的情况下要求图案填充的区域必须是封闭的区域,而不是开放区域,所以默认的控制间隙公差的参数 HPGAPTOL=0,即无间隙,否则 AutoCAD 软件会判断错误填充的区域,如果必须要填充开放区域,可以在"允许的间距"里填入大于间隙的数值,也可以在命令行输入 HPGAPTOL,重新设置 HPGAPTOL 的值,例如,用户要填充一个开口直线距离为2的开放区域,可以将 HPGAPTOL 设置为
2或以上,再填充即可。值得注意的是,设置 HPGAPTOL
参数后填充开放区域的范围并不等同于直接将两端用直线
连接后得出的区域,而是将两端延长相交后得出的区域,如
果无法延长,亦不可填充。

(5)"创建独立的图案填充":用于创建独立的图案
填充。一次填充多个封闭的边界时,这些填充是各自独
立的。

(6)"外部孤岛检测":设置封闭图形内还有其他小
的封闭图形时图案填充的方式。包含普通孤岛检测、外部孤
岛检测、忽略孤岛检测和无孤岛检测四种方式,如图5-44
所示。

图5-44 "孤岛检测"样式

以"普通孤岛检测"方式填充时,如果填充边界内有文字等特殊对象,且在选择填充边界时也选择了它们,填充时图案填充在这些对象处会自动断开,以使这些对象更加清晰,如图5-45所示。

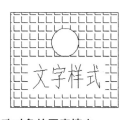

图5-45 包含特殊对象的图案填充   图5-46 "绘图次序"下拉列表

(7)"置于边界之后":指定图案填充与边界的叠放顺序。单击下拉列表按钮,叠加次序选项如图5-46所示,包含不指定、后置、前置、置于边界之后和置于边界之前五个选项。默认情况下图案填充是置于边界之后。

点击图5-43选项右下角的■按钮,可以弹出"图案填充与渐变色"对话框,这是AutoCAD较早版本图案填充使用的对话框,如图5-47所示,其内容与"图案填充编辑器"选项卡内容基本相同,不再赘述。

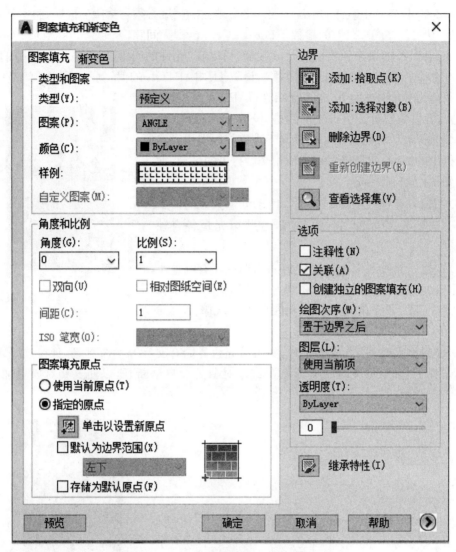

图5-47 展开的"图案填充和渐变色"对话框

6.关闭

"图案填充编辑器"选项卡"关闭"选项组,可以关闭图案填充命令,退出编辑。

▶ 5.13.2 设置渐变色填充

在图5-47"图案填充和渐变色"对话框的"渐变色"选项卡中,可以创建一种或两种颜色形成的渐变色,并对图案进行填充。渐变色最多只能有两种颜色创建,如图5-48所示。

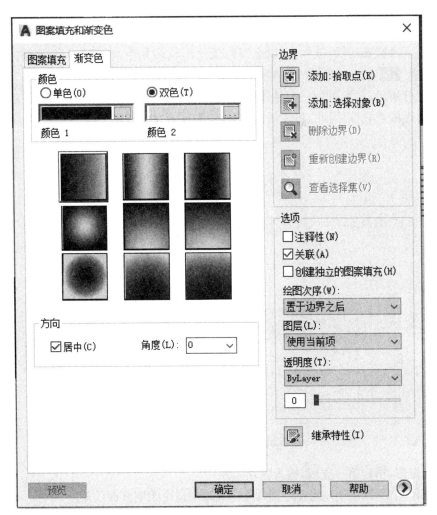

图5–48 "图案填充和渐变色"对话框的"渐变色"选项卡

5.13.3 编辑图案填充

图案填充以后,如果需要编辑和修改,可以在绘图窗口中单击需要编辑的图案填充,就可以打开"图案填充编辑器"选项卡;或者单击图案填充,然后从右键快捷菜单中选择"图案填充编辑…",可以重新打开"图案填充和渐变色"对话框。

还可以通过下拉菜单:【修改】→【对象】→【图案填充】命令修改和编辑图案填充。

5.13.4 控制图案填充的可见性

图案填充的可见性是可以控制的。可以用两种方法来控制图案填充的可见性,一种是用命令 FILL 或系统变量 FILLMODE 来实现,当系统变量 FILLMODE 的值为 0 时,隐藏图案填充,当值为 1 时,则显示图案填充。执行该命令后,可以使用"视图"→"重生成"刷新看到填充效果。

图案填充的可见性还可以利用图层的开关和冻结解冻来实现。

▶ 5.13.5　分解图案

图案是一种特殊的块,被称为"匿名"块,无论形状多复杂,它都是一个整体的对象。可以使用"分解" 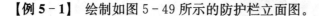 命令分解已经存在的图案填充。

图案被分解后,将不再是一个整体的对象,而是一根根的线条。同时,分解后的图案也失去了与边界的关联性,因此,将无法使用【修改】→【对象】→【图案填充】命令来编辑。

5.14　综合举例

【例 5-1】 绘制如图 5-49 所示的防护栏立面图。

例 5-1

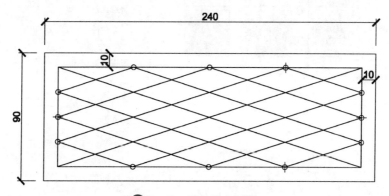

图 5-49　防护栏立面图

(1) 画矩形,指定第一点后,输入@240,90;

(2) 偏移矩形,间距 10,或者用直线命令或矩形命令绘制立面的矩形;

(3) 将小矩形的四条边用"定数等分"每个边分成 4 份,注意修改成可见的点样式;

(4) 打开"对象捕捉"中的"节点",用节点捕捉等分点绘制网格线;

(5) 打开线宽显示,检查图形。

【例 5-2】 绘制如图 5-50 所示的某学生宿舍楼盥洗、卫生间详图。

(1) 创建图层,可以新建"粗实线""细实线""点画线"和"尺寸"等图层。

(2) 将"粗实线"图层置为当前图层,用多线绘制墙体。绘制完成对多线进行编辑并分解,然后用剪切命令剪切出门窗洞口。(参见第 6 章)

例 5-2

(3) 绘制门窗。用直线命令绘制窗,用直线和圆弧命令绘制门。

(4) 绘制盥洗设备,绘制管道。

(5) 尺寸标注(参见第 9 章),完成图 5-50(a)图的绘制。

(6) 复制图 5-50(a),复制二个,修改墙体为细实线。

(7) 删除复制图形中外部第一道尺寸,绘制给水管道,给水管道用粗实线绘制,完成图 5-50(b)图的绘制。

(8) 在另外一个复制的图形中绘制排水管道,排水管道用粗实线绘制,完成图 5-50(c)图的绘制。

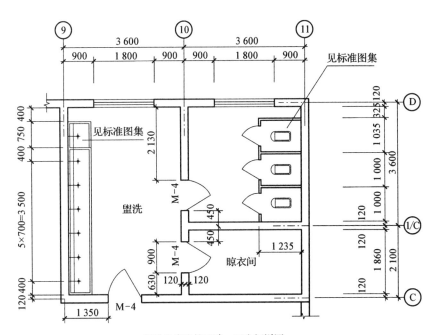

(a) 某学生宿舍楼盥洗、卫生间详图

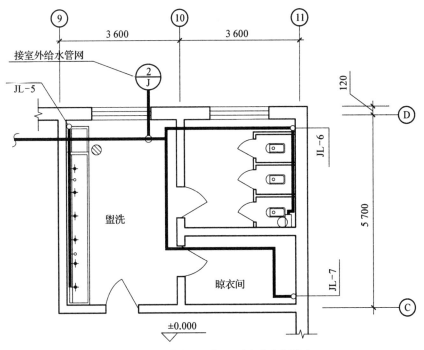

(b) 某学生宿舍楼盥洗、卫生间给水大样图

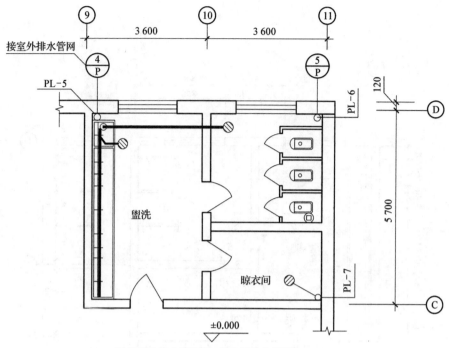

(c) 某学生宿舍楼盥洗、卫生间排水大样图

图 5-50 绘制某学生宿舍盥洗、卫生间详图和给排水大样图

思考与练习

5-1　绘制习题图 5-1 中的图形。

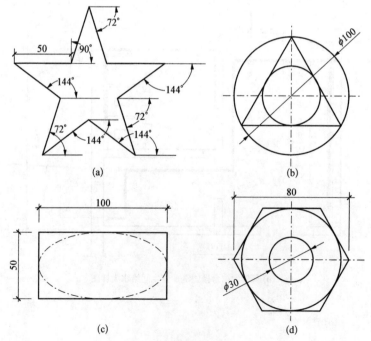

习题图 5-1

5-2　绘制习题图 5-2 中的图形。

(1) 以一点为圆心作一半径为 20 的圆,再作一半径为 60 的同心圆。

(2) 以圆心为中心,作两个互相正交的椭圆,椭圆短轴为小圆直径,长轴为大圆直径。

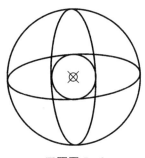

习题图 5-2

5-3　绘制习题图 5-3 中的图形。

(1) 任意绘制一个矩形。

(2) 做二条样条曲线,表示断开边界,边界之间的矩形边剪切掉。

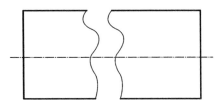

习题图 5-3

5-4　绘制习题图 5-4 中的图形。

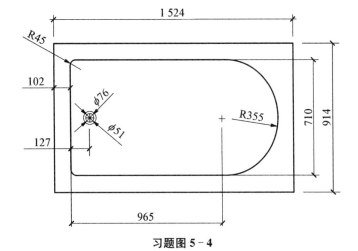

习题图 5-4

5-5 绘制习题图 5-5 中的图形。

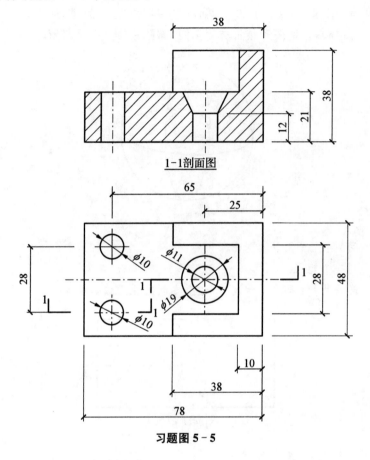

1-1剖面图

习题图 5-5

5-6 绘制习题图 5-6 中的图形。

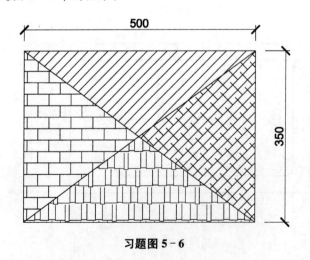

习题图 5-6

5－7　绘制习题图 5－7 所示的图例。

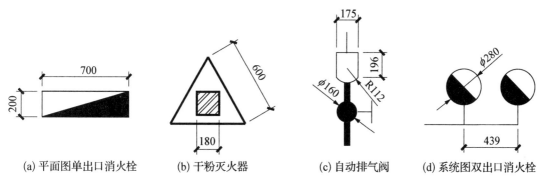

(a) 平面图单出口消火栓　　(b) 干粉灭火器　　(c) 自动排气阀　　(d) 系统图双出口消火栓

习题图 5－7

扫码查看

本章作业提示

第六章
二维图形编辑命令

【能力目标】

1. 熟练运用各种二维修改命令对图形进行编辑操作。

【知识目标】

1. 掌握对象选择的方法。

2. 掌握对象的删除、复制、镜像的方法。

3. 掌握对象的偏移、阵列、移动的方法。

4. 掌握对象的延伸、修剪的方法。

5. 掌握对象的缩放和旋转、拉伸、拉长和打断、分解、合并的方法。

6. 掌握对象的倒角和倒圆角的方法。

7. 掌握多段线及样条曲线的编辑方法。

8. 掌握多线的编辑方法。

在 AutoCAD 中,单纯使用绘图命令只能绘制一些基本的图形对象,要绘制较为复杂的图形,必须借助图形编辑命令(也称修改命令)。用户可以通过对图形的移动、阵列、复制、偏移、缩放等对图形进行编辑,保证绘图的准确性,提高工作效率。

6.1　对象选择方式

对象选择方式

选择对象是整个绘图工作的基础,在对对象进行编辑之前,首先要选择对象。AutoCAD 中选择对象有点选、框选、套索等方式。

6.1.1　点选对象

点选就是移动光标到要选择的对象上,单击鼠标左键拾取即可选中。选择多个对象,可以逐个点击对象就可以添加进选择集中,如图 6-1 所示。按<ESC>键可以退出对象选择。

从选择集中去除已选择的对象,可按住<Shift>键,再从选择集中用鼠标左键单击要去除的对象即可。

在操作时,可能会不慎将选择好的对象误放弃了,如果选择的对象很多,再重新选择很麻烦,可以在输入操作命令后提示选择对象时输入"P",可以重新选择上一步的所有选择对象。

点选方式适合选择简单的图形,如果图形复杂,点选方式往往容易漏选或误选。

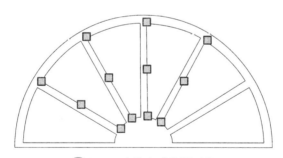

图6-1　点选方式选择对象

6.1.2　框选对象

框选方式选择对象可以提高工作效率,选择图形时只需要指定框选起点,移动光标至合适位置生成一个矩形区域,将被选择的对象框在矩形框内,根据拖动方向的不同,框选方式又分为二种,一种是窗口(window)方式,一种是窗交(crossing)方式,下面分别介绍。

1. 窗口方式(window)

窗口方式选择对象操作时先按一下鼠标的左键后松开,然后光标自左向右或者自上向下拖动,让对象全部位于矩形框内,再点击一下鼠标左键,即可完成对象选择。注意:窗口方式的矩形框为实线框,如图 6-2(a)所示。

窗口方式下,只有当对象全部位于矩形选择框内,对象才能选中,如果对象只有一部分位于选择框内,则此对象不能选中,如图 6-2(b)所示,右边的圆因为没有完全在选择框内,所以没有选中。

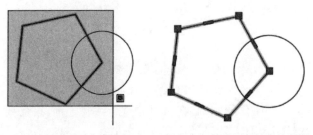

(a) 窗口方式选择对象时为实线框　　　(b) 对象全部位于矩形框内才能选中

图 6-2　窗口方式选择对象

2. 窗交方式(crossing)

窗交方式选择对象操作时先按一下鼠标的左键后松开,然后自右向左或者自下向上拖动矩形框,让对象位于矩形框内,再点击一下鼠标左键,即可完成对象选择。注意:窗交方式的矩形框为虚线框,如图 6-3(a)所示。

窗交方式下,只要对象部分或者完全位于矩形选择框内,对象就能选中。如图 6-3(b)所示,五边形和圆只有部分在选择框内,也是可以选中的。

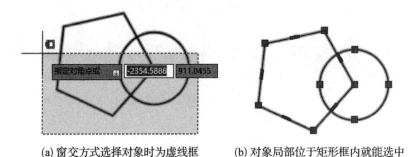

(a) 窗交方式选择对象时为虚线框　　　(b) 对象局部位于矩形框内就能选中

图 6-3　窗交方式选择对象

6.1.3　套索方式

套索方式选择对象是指围绕要选择的对象拖动鼠标,将生成一个不规则的选区。操作时按下鼠标的左键不松开,拖动鼠标,即形成不规则套索区域,然后松开鼠标可以看到选中的对象。套索方式也分为窗口套索和窗交套索二种方式,与框选方式类似。

1. 窗口套索

窗口套索方式是按下鼠标左键自左向右拖动或者自上向下拖动不规则套索框,让对象全部位于套索框内,松开鼠标左键,即可完成对象选择。注意:窗口套索方式的框为实线框,如图 6-4(a)所示。

窗口方式下,只有当对象全部位于选择框内,对象才能选中,如果对象只有一部分位于选择框内,则此对象不能选中,如图 6-4(b)所示,右边的圆因为没有完全在选择框内,所以没有选中。

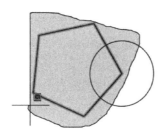 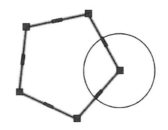

(a) 窗口套索方式选择对象　　　　(b) 对象全部位于套索框内才能选中

图6-4　窗口套索方式选择对象

2.窗交套索方式

窗交套索方式选择对象操作时先按下鼠标的左键,然后自右向左拖动或者自下向上拖动不规则套索框,让对象位于套索框内,松开鼠标左键,即可完成对象选择。注意:窗交方式的套索框为虚线框,如图6-5(a)所示。

窗交方式下,只要对象部分或者完全位于套索选择框内,对象就能选中。如图6-5(b)所示,三角形、圆、五边形都只有部分在选择框内,也是可以选中的。

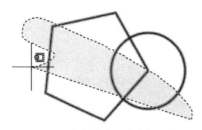 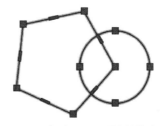

(a) 窗交套索方式选择对象　　　　(b) 对象局部位于套索框内就能选中

图6-5　窗交套索方式选择对象

小提示

1.去除已选择对象,需要按住<Shift>键,再从选择集中用鼠标左键选择要去除的对象即可。

2.矩形栏选与套索方式选择对象时鼠标用法不同。按住鼠标左键不松开就是套索选择框,点击鼠标左键后松开就是矩形选择框。

6.2　删　除

运用删除命令可以删除一些辅助线或不需要的图形对象。命令的输入方法是:

命令:ERASE

下拉菜单:【修改】→删除

功能区:【修改】→ ✎

命令输入后选择对象,然后回车或单击鼠标右键即可删除对象,也可选择对象后按键盘上的〈Delete〉(删除)键删除。如图 6-6 所示。

 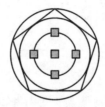 

(a) 原图　　　　　　(b) 选择中心圆对象　　　　　(c) 删除对象后

图 6-6　删除椭圆对象

小提示

操作时也可以先选择对象,然后再点击"删除"图标删除对象。其他修改命令中凡是需要选择对象的,都可以先选择对象,再执行相应的修改命令,后面不再赘述。

6.3　复　制

复制

复制对象就是创建结构完全相同、位置不同的多个一样的对象。复制可以提高绘图的效率。命令的输入方法是:

命令:COPY

下拉菜单:【修改】→复制

功能区:【修改】→

命令输入后提示:

命令：_copy	
选择对象：指定对角点：找到 4 个	(用任何一种选择方式选择对象后确认)
选择对象：	(鼠标右键或者回车键,表示选择对象结束)
当前设置：　复制模式 = 多个	
指定基点或 [位移(D)/模式(O)] <位移>：	(指定复制的基点)
指定第二个点或 [阵列(A)] <使用第一个点作为位移>：	(指定复制到的目标点)
指定第二个点或 [阵列(A)/退出(E)/放弃(U)] <退出>：	(指定复制的另一个目标点或者按回车键结束)

其中各选项含义如下:

1. 位移(D):复制的图形距离原图的位移矢量。可以在指定复制基点后,在屏幕上用鼠标给出位移矢量,也可以输入数值。

2. 模式(O):用于控制是否自动重复该命令。激活该选项后,命令行会提示用户选择单个复制(S)还是多个复制(M),默认是多个复制模式。

3. 阵列(A):快速复制对象以呈现出指定项目数的效果。

下面举例说明该命令的用法。

要在如图 6-7 所示的六边形的各顶点上复制和左上角相同的圆。启动复制命令后选择圆,指定圆心作为复制的基点,依次点击六边形的其余各顶点,复制后图形如图所示。

绘图时为精确定位各点,应结合使用对象捕捉,用鼠标捕捉输入基点、复制的目标点。

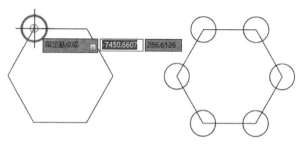

图 6-7　对象的复制

小提示

复制对象,基点的选择非常重要,然后才能通过指定目标点确定位移来复制图形。复制命令可以将同一个图形复制多份,直到按鼠标右键确认或<ESC>键终止复制操作。

6.4　镜　像

镜像

镜像命令用于将选择的图形以镜像线对称复制,命令的输入方法是:

命令:MIRROR

下拉菜单:【修改】→镜像

功能区:【修改】→

命令输入后提示:

命令: mirror	
选择对象:指定对角点:找到 2 个	(用任何一种选择方式选择对象后确认)
选择对象:	(鼠标右键或者回车键,表示选择对象结束)
指定镜像线的第一点:	(镜像线可以由二点确定,先选择镜像线上的第一个点)
指定镜像线的第二点:	(选择镜像线上的第二个点)
要删除源对象吗?[是(Y)/否(N)] <否>:	(一般默认不删除源对象)

下面通过举例说明镜像命令的操作过程,如图 6-8 所示。

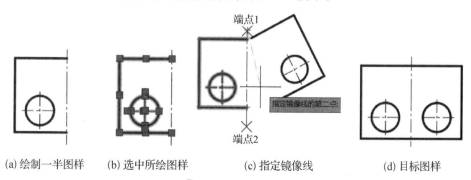

(a) 绘制一半图样　　(b) 选中所绘图样　　(c) 指定镜像线　　(d) 目标图样

图 6-8　对象的镜像

启动"镜像"命令;选择对称中心线左边的所有对象,回车确认;然后在系统提示:
"指定镜像线上第一点"和"指定镜像线上第二点"时,依次单击对称轴线上两个端点 1 和 2,
指定镜像线。为了准确地指定镜像线上的两个点,应利用对象捕捉,如捕捉端点、交点等。
系统提示"要删除源对象吗?[是(Y)/否(N)]<否>"时,若按回车键则保留原对象,绘制一
个对称的图形。

默认情况下创建文字的镜像时,不会改变文字的方向,如图 6 - 9(a)所示。如果需要反
转或倒置的文字图像,需要在命令提示行用键盘输入"MIRRTEXT"命令,并将系统变量设
置为"1"。这样文字在镜像时如图 6 - 9(b)所示。

(a) MIRRTEXT=0   (b) MIRRTEXT=1

图 6 - 9 文字对象的镜像

6.5 偏 移

偏移

偏移命令主要用于将图形按照一定的距离或通过指定点进行偏移。命令
的输入方法是:

命令:OFFSET

下拉菜单:【修改】→偏移

功能区:【修改】→ ⊆

命令输入后提示:

```
命令: offset
当前设置:删除源=否  图层=源  OFFSETGAPTYPE=0
指定偏移距离或 [通过(T)/删除(E)/图层(L)] <100.0000>:            (给定偏移的距离)
选择要偏移的对象,或 [退出(E)/放弃(U)] <退出>:                 (选择偏移的源对象)
指定要偏移的那一侧上的点,或 [退出(E)/多个(M)/放弃(U)] <退出>:   (偏移到哪侧)
选择要偏移的对象,或 [退出(E)/放弃(U)] <退出>:                 (继续偏移或退出)
```

其中各选项含义如下:

1. 指定偏移距离:可以输入具体数值,也可以用鼠标在屏幕上指定二点,然后以二点间
的距离作为偏移的距离。

2. 通过(T):该选项指偏移后的图形通过某点。

下面举例说明该命令的使用。如图 6 - 10 所示。

绘制一个六边形,然后输入偏移命令,系统提示"指定偏移距离或[通过(T)]",输入

100,然后选择偏移的对象,用鼠标左键拾取六边形,系统提示指定要偏移的那一侧上的点,或［退出(E)/多个(M)/放弃(U)］＜退出＞;,单击六边形外侧任一点,得到偏移后中间的矩形,然后单击中间六边形,再次点击中间六边形外侧,即实现六边形的连续偏移。

若连续偏移,系统默认上次的偏移值,如果要改变偏移距离值,要重新输入偏移命令调整。此方法可以用来生成平行直线或者同心图形,只要这些对象是由相应的绘图命令生成的单一对象即可。

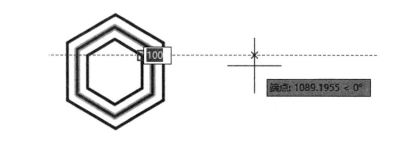

图 6 - 10　距离偏移

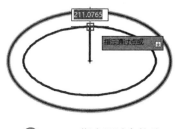

图 6 - 11　指定通过点偏移

如果对象偏移后通过某个点,则在系统提示"指定偏移距离或［通过(T)］"时输入"T"后回车,选择要偏移的对象后,系统提示"指定通过点或"时,单击要通过的点或者输入点的坐标即可,如图 6 - 11 所示,执行偏移命令后输入"T",选择椭圆,选择通过内部一点就通过选中的点偏移了一个椭圆。

阵列

6.6　阵　列

使用阵列命令,可以快速绘制大量相同的图形,将对象按"矩形""路径"或"环形"方式有规律地进行多重复制。命令的输入方法是:

命令:ARRAY

下拉菜单:【修改】→阵列

功能区:【修改】→

阵列包含如图 6 - 12 所示的三种阵列形式。

6.6.1　矩形阵列

矩形阵列是指将选中的图形对象沿水平和竖直方向各按一定的间距复制多个相同的对象。执行矩形阵列后在功能区打开一个对话框,如图 6 - 13 所示。

图 6 - 12　阵列的三种形式

图 6-13　矩形阵列对话框

其各项的含义如下：

（1）类型："矩形阵列"。

（2）列：可以编辑列数和列间距。列数必须是整数，列间距可以直接输入数值，也可以用光标在绘图区拾取两个点，二点之间的距离表示要输入的距离值。正值向右，负值向左复制。

（3）行：可以编辑行数和行间距，行数必须为整数。行间距的输入方式同列间距一样。正值向上，负值向下复制。

（4）层级：指定三维阵列的层数和层间距。

（5）特性：指定阵列中的对象是关联的还是独立的；并且指定阵列的基点。

（6）关闭：关闭阵列对话框。

如图 6-14 所示，以左下角图形为阵列源对象，矩形阵列三行四列的效果预览。

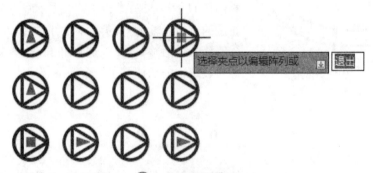

图 6-14　矩形阵列

AutoCAD 提供了利用热夹点编辑阵列的功能，选中右上角的加点，就变成了红色的热夹点，移动光标就可以对矩形阵列的行列数和间距进行调整，非常直观。

6.6.2　路径阵列

路径阵列是指将选中的图形对象沿某个曲线轨迹，通过设置不同的基点，得到复制的多个相同的对象。执行路径阵列后在功能区打开一个对话框，如图 6-15 所示。

图 6-15　路径阵列对话框

其各项的含义如下：

（1）类型："路径阵列"。

（2）项目：根据"方法"设置项目数和间距。

（3）行：指定阵列的行数，行间距，以及行之间的增量标高。

（4）层数：指定三维阵列的层数和层间距。

（5）特性：特性内容有六项。

① 关联：指定阵列中的对象时关联的还是独立的。

② 基点：指定阵列的基点。

③ 切线方向：阵列项目如何相对于路径的起始方向对齐。

④ 定距等分：定距等分旁边有个三角，下拉后有二个选择，定数等分还是定距等分路径。定距等分时，"项目"选项中的项目数灰色显示不能更改，如图 6‑15 所示；定数等分时，"项目"中"介于"间距灰色显示，不能更改。

⑤ 对齐项目：是指是否对齐每个项目以与路径的方向相切，对齐相对于第一个项目的方向。

⑥ Z方向：控制是否保持项目的原始Z方向还是沿三维路径自然倾斜项目。

（6）关闭：关闭阵列对话框，完成阵列复制。

如图 6‑16 所示，以左下角圆形为阵列源对象，以曲线为路径，在曲线上定距阵列的效果预览。

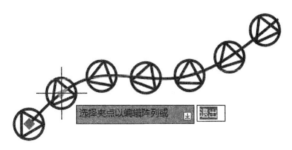

图 6‑16　路径阵列

▍▶ 6.6.3　环形阵列

环形阵列是指将选中的图形对象绕着指定的阵列中心，在圆周上或圆弧上均匀复制多个对象。执行环形阵列后在功能区打开一个对话框，如图 6‑17 所示。

图 6‑17　环形阵列对话框

其各项的含义如下：

（1）类型："极轴"即环形阵列。

（2）项目：项目中包含项目数，相邻项目间的夹角，填充角度。

（3）行：指定阵列的行数，行间距，以及行之间的增量标高。

（4）层数：指定三维阵列的层数和层间距。

（5）特性：特性内容有四项。

① 关联：指定阵列中的对象时关联的还是独立的。

② 基点：指定阵列的基点。

③ 旋转项目：控制在阵列时是否旋转项目。

④ 方向：阵列项目时逆时针方向为正，顺时针方向为负。

（6）关闭：关闭阵列对话框，完成阵列复制。

如图 6-18 所示，以右边正方形为阵列源对象，以大圆的中心为阵列中心点，(a)图为旋转项目、(b)图为不旋转项目的环形阵列的效果预览。

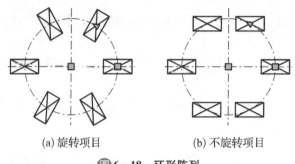

      (a) 旋转项目   (b) 不旋转项目

图 6-18　环形阵列

6.7　移　动

移动

移动是指移动对象的位置，其大小、形状都不改变。命令的输入方法是：

命令：MOVE(或 M)

下拉菜单：【修改】→移动

功能区：【修改】→ ⊕

命令输入后提示：

命令：_move	
选择对象：找到 1 个	（用任何一种选择方式选择对象后确认）
选择对象：	（鼠标右键或者回车键，表示选择对象结束）
指定基点或 [位移(D)] <位移>：	（选取一点作为基点后回车）
指定第二个点或 <使用第一个点作为位移>：	（选取移动目标点或者输入位移距离后回车）

下面举例说明该命令的用法。

将圆的象限点移动到三角形的顶点。启动移动命令，选择圆对象确认，利用对象捕捉方式找到圆的最右象限点为基点后，回车确认。同样用捕捉方式找到三角形端点后回车，所选对象被移动到指定位置，如图 6-19 所示。

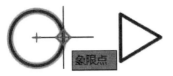

(a) 选择圆及文字确定基点	(b) 移动到三角形的顶点	(c) 完成

图6-19 对象的移动

6.8 旋 转

旋转

旋转是将图形对象按照指定的旋转基点进行旋转。命令的输入方法是：

命令：ROTATE

下拉菜单：【修改】→旋转

功能区：【修改】→ ↻

输入旋转命令后，AutoCAD会提示当前的正角方向，基于当前的用户体系，默认输入正值表示按逆时针方向旋转，输入负值则按顺时针方向旋转。选择对象后指定基点和角度就可以旋转了，旋转方式有直接指定角度方式和参照方式。

1. 指定角度旋转

如图6-20所示，将水平放置的餐桌旋转90°。操作步骤如下：

```
命令: _rotate
UCS 当前的正角方向:  ANGDIR=逆时针  ANGBASE=0
选择对象: 找到 1 个
选择对象:
指定基点:
指定旋转角度, 或 [复制(C)/参照(R)] <90>:  90
```

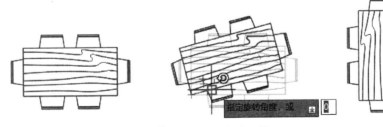

图6-20 对象的旋转

2. 参照(R)

如果在"指定旋转角度，或［复制(C)/参照(R)]<0>："后键入R回车，表示参照一个参考角度旋转。如图6-21所示，将五角星的顶点旋转到上部象限点，把五角星放正。因为不知道旋转的具体角度，可以采用"参照"方式旋转。

在"指定参照角<0>"时用鼠标拾取圆心和五角星顶点，然后移动光标，五角星随之旋转，用鼠标拾取上部象限点确认，则五角星放正了，旋转完成。

(a) 原图

(b) 拾取圆心与五角星顶点
作为旋转参考起始边

(c) 拾取象限点作为旋参照
的目标边

图6-21 对象的"参照"旋转

6.9 缩 放

缩放

缩放是指将图形对象以某点为基点,按照一定比例进行放大和缩小,缩放比例大于1是放大图形,小于1大于0是缩小图形,缩放改变图形真正的大小。命令的输入方法是:

命令:SCALE
下拉菜单:【修改】→缩放
功能区:【修改】→

输入缩放命令后,AutoCAD会提示选择对象、指定基点、指定比例因子,然后就可以缩放图形了。缩放方式有直接给出比例因子和参照二种方式。

1. 比例因子

直接给出比例因子的操作步骤如下:

命令: scale	
选择对象: 找到 1 个	(用任何一种选择方式选择对象后确认)
选择对象:	(鼠标右键或者回车键,表示选择对象结束)
指定基点:	(用鼠标拾取一个基点)
指定比例因子或 [复制(C)/参照(R)]: 2	(输入具体比例因子数值,大于1为放大,介于0和1为缩小)

2. 参照(R)

如果在指定比例因子或[复制(C)/参照(R)]后键入"R"回车,表示参照一个参考长度缩放。如图6-22所示,将浴缸边长AB放大到AC的长度,选择浴缸,拾取缩放基点A,指定原始长度AB,指定新长度到C点。

命令: scale	
选择对象: 找到 1 个	(选择图中浴缸)
选择对象:	(鼠标右键确认选择对象结束)
指定基点:	(鼠标拾取A点)
指定比例因子或 [复制(C)/参照(R)]: r	(输入R)
指定参照长度 <1.0000>: 指定第二点:	(拾取AB二点)
指定新的长度或 [点(P)] <1.0000>:	(拾取C点)

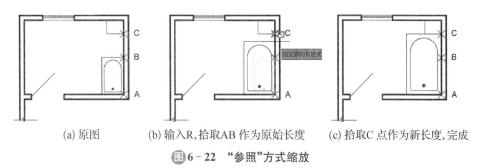

(a) 原图　　　　(b) 输入R,拾取AB 作为原始长度　　(c) 拾取C 点作为新长度,完成

图 6 - 22　"参照"方式缩放

拉伸

6.10　拉　伸

拉伸命令用来拉长或缩短对象,也能改变对象的形状,可以操作的对象有:圆弧、椭圆弧、直线、多段线段、多线、样条曲线、矩形命令绘制的矩形、多边形命令绘制的多边形等。一次可拉伸多个图形对象。命令的输入方法是:

命令:STRETCH

下拉菜单:【修改】→拉伸

工具栏:【修改】→

命令输入后提示:

```
命令: _stretch
以交叉窗口或交叉多边形选择要拉伸的对象...          (用窗交方式或圈交方式即crossing方式选择要拉伸的对象)
选择对象:指定对角点:找到 14 个
选择对象:                                        (用鼠标右键或者回车键确认,对象选择结束)
指定基点或 [位移(D)] <位移>:                      (鼠标拾取基点)
指定第二个点或 <使用第一个点作为位移>:             (给出距离或者拾取拉伸的目标点,鼠标右键确认)
```

拉伸位移给出了二种操作方式:

1. 指定第二点方式

把选中的对象从基点拉伸到目标点。这是拉伸命令最常用的方式。如图 6 - 23 所示,将四条线的端点 B 拉伸到 C 点。操作时如图 6 - 23(b)所示,窗交方式选择小矩形要拉伸的部分,将 B 点拉伸到 C 点确认。

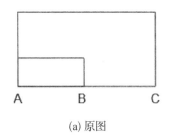
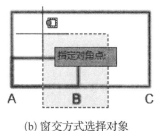

(a) 原图　　　　　　　(b) 窗交方式选择对象

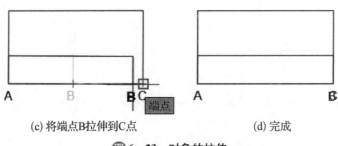

(c) 将端点B拉伸到C点　　　　　　　　(d) 完成

图 6 - 23　对象的拉伸

2. 输入距离方式

如果选择好对象后指定一个基点，接下来移动光标，提示"指定第二个点或<使用第一个点作为位移>:"时输入一个距离数值。这时光标橡皮筋的方向是对象拉伸的方向，输入的数值是橡皮筋方向的拉伸距离。

3. 直接输入坐标的方式

如果选择好对象后，对主提示键入"D"回车或直接回车，对提示"指定第二个点或<使用第一个点作为位移>:"输入一个点的直角坐标或极坐标，系统把输入的点的直角坐标值，作为相对选中对象的横向和纵向拉伸距离；把输入的点的极坐标值作为相对选中对象的拉伸距离和角度。

> **小提示**
>
> 拉伸对象必须用窗交方式（crossing）选择，框内选中的对象才能拉伸，框外的对象不动。如果图形对象全部位于窗交选择框内，则对象只能平移不能拉伸。

6.11　拉　长

拉长命令用于拉长或缩短直线、多段线、椭圆弧和圆弧，对样条曲线只能缩短。命令的输入方法是：

拉长

命令:LENGTHEN
下拉菜单:【修改】→拉长
功能区:【修改】→

命令输入后提示：

```
命令: lengthen
选择要测量的对象或 [增量(DE)/百分比(P)/总计(T)/动态(DY)] <动态(DY)>:        (选择一个对象或键入一个选项的关键字后回车)
当前长度: 3358.3908
选择要测量的对象或 [增量(DE)/百分比(P)/总计(T)/动态(DY)] <动态(DY)>: dy   (输入一种拉长方式)
选择要修改的对象或 [放弃(U)]:                                           (选择拉长对象)
指定新端点:                                                            (指定新端点)
选择要修改的对象或 [放弃(U)]:                                           (继续选择需要拉长的对象或确定)
```

拉长命令选择对象后,命令行显示其当前长度值,对于圆弧,还显示其包含的圆心角。完成一次拉长后,提示重复出现,直到回车结束命令,各选项含义如下:

1. 增量(DE)

输入长度增量或角度增量来拉长,数值为正表示拉长或增大角度,数值为负表示缩短或减小角度。

2. 百分比(P)

由相对于原来长度或角度的百分比来确定。百分数大于 100 为拉长对象,小于 100 为缩短对象。

3. 总计(T)

以总长度或总角度来确定。

4. 动态(DY)

动态拖动鼠标来实时拉长或缩短。

如图 6‐24 所示,动态拉长矩形中心线。首先选择中心线,然后回车(因为默认就是动态拉长)或输入"DY",再次选择中心线的右端,拉长到矩形外侧。注意,拉长时,选择对象的位置很重要,选择点距离哪个端点近就拉长哪一侧。

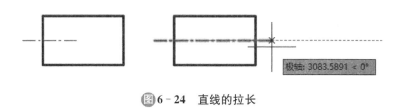

图 6‐24　直线的拉长

6.12　修　剪

修剪

修剪命令是指以一个或多个对象为边界,把图形中与边界相交的多余部分修剪掉。命令的输入方法是:

命令:TRIM

下拉菜单:【修改】→修剪

功能区:【修改】→ ✂

命令输入后提示:

```
命令: trim
当前设置: 投影=UCS,边=无,模式=快速
选择要修剪的对象, 或按住 Shift 键选择要延伸的对象或          (选择需要修剪的部分)
  [剪切边(T)/窗交(C)/模式(O)/投影(P)/删除(R)]:
选择要修剪的对象, 或按住 Shift 键选择要延伸的对象或          (继续选择需要修剪的部分)
  [剪切边(T)/窗交(C)/模式(O)/投影(P)/删除(R)/放弃(U)]:
```

命令输入后提示选择要修剪的对象,可以连续选择需要修剪的部分,可修剪多个对象,直到回车结束命令。

AutoCAD2021 与以前版本相比非常先进,不再需要选择剪切的边界,可以自动识别最近的相邻边为边界,直接选择需要修剪的部分即可,如图 6-25 所示。

图 6-25　对象的修剪

如果需要指定修剪边界,则在提示选择要修剪的对象,或按住 Shift 键选择要延伸的对象或[剪切边(T)/窗交(C)/模式(O)/投影(P)/删除(R)]:时,输入"T",可以选择修剪的边界,可一次选中多个对象作为修剪的边界,如图 6-26 所示,可将五角星所有图线均选为边界,回车后修剪不同的部分即可。

图 6-26　指定边界的修剪

当修剪一个圆、椭圆或是由相应的命令直接形成的矩形或多边形时,它们必须与修剪的边界有两个交点才能修剪,如图 6-27 所示。

图 6-27　圆与椭圆的修剪示例

6.13　延　伸

延伸

延伸命令用于将某个对象延长与另外的对象相交。命令的输入方法是:

命令:EXTEND

下拉菜单:【修改】→延伸

功能区:【修改】→ ![icon]

命令输入后提示：

```
命令: extend
当前设置: 投影=UCS,边=无,模式=快速
选择要延伸的对象, 或按住 Shift 键选择要修剪的对象或          (选择需要延伸的对象)
[边界边(B)/窗交(C)/模式(O)/投影(P)]:
选择要延伸的对象, 或按住 Shift 键选择要修剪的对象或          (继续选择需要延伸的对象或结束命令)
[边界边(B)/窗交(C)/模式(O)/投影(P)/放弃(U)]:
```

命令输入后提示选择要延伸的对象,可以连续选择需要延伸的部分,可延伸多个对象,直到回车结束命令。

但是当图线延伸时与其他边界没有直接交点,选择延伸时显示不可以延伸,如图 6-28(c)所示,出现 符号。

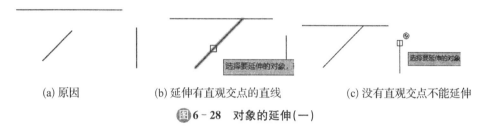

(a) 原因　　　　(b) 延伸有直观交点的直线　　　　(c) 没有直观交点不能延伸

图 6-28　对象的延伸(一)

没有直接交点的对象,有隐含交点,操作时选择模式(O)选项,然后选择标准延伸模式(S)回车、边(E)、延伸(E)回车,再选择一次这二条边就得到如图 6-29 所示的延伸效果,操作如下：

```
在该方向上没有边。
选择要延伸的对象, 或按住 Shift 键选择要修剪的对象或
[边界边(B)/窗交(C)/模式(O)/投影(P)/放弃(U)]: o
输入延伸模式选项 [快速(Q)/标准(S)] <快速(Q)>: S
选择要延伸的对象, 或按住 Shift 键选择要修剪的对象或
[边界边(B)/栏选(F)/窗交(C)/模式(O)/投影(P)/边(E)/放弃(U)]: e
输入隐含边延伸模式 [延伸(E)/不延伸(N)] <不延伸>: E
选择要延伸的对象, 或按住 Shift 键选择要修剪的对象或
```

图 6-29　对象的延伸(二)

经过上述操作后,再使用延伸命令时,状态变成当前设置:投影=UCS,边=延伸,模式=标准,这是标准模式,不能直接延伸对象了,必须选择延伸边界。如果想恢复快速模式,需要输入模式(O),再输入快速(Q),就可以恢复原始的快速模式。

6.14　打　断

打断

打断命令可以将直线、圆弧、圆、椭圆、样条曲线、矩形、多边形等分为二个图形对象,或将其中一部分删除。命令的输入方法是：

命令:BREAK

下拉菜单:【修改】→打断

功能区:【修改】→

命令输入后提示：

```
命令: break
选择对象:                          (选择需要打断的图形对象，选择对象的同时，拾取 点默认是第一个打断点)
指定第二个打断点 或 [第一点(F)]:    (选取第二个打断点，或输入F重新选择第一个打断点的位置)
```

选取对象的同时，拾取点即第一打断点，回车确认后拾取第二个打断点，二个点之间的图形对象就会被剪掉，如图 6-30(a)所示，如果选择的第二个点位于图形之外，则会删除第一点到第二点的图形，如图 6-30(b)所示。

若键入 F 后回车，要求重新选择第一打断点。

如果只是想把对象断开，可单击工具按钮▣【打断于点】，需要输入的参数有打断对象和第一个打断点，打断对象之间没有间隙。

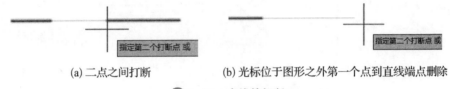

(a) 二点之间打断　　　　　(b) 光标位于图形之外第一个点到直线端点删除

图 6-30　直线的打断

AutoCAD 在打断圆弧时，按逆时针方向删除圆弧上的第一点和第二点之间的部分。选择打断点时要注意次序。图 6-31(a)为一个圆及圆上两点 A、B，启动打断命令后，若先点击 A 点后点击 B 点，其结果如图(b)所示。若先点击 B 点后点击 A 点，则结果如图(c)所示。

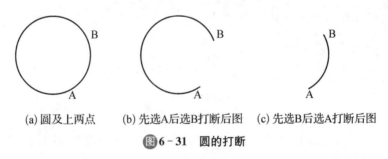

(a) 圆及上两点　　　(b) 先选A后选B打断后图　　(c) 先选B后选A打断后图

图 6-31　圆的打断

6.15　倒　角

倒角

倒角是用一条直线连接二条不平行的图线。可以倒角的有直线、多段线、矩形、多边形等，不能倒角的有圆、椭圆、圆弧等图线。命令的输入方法是：

命令：CHAMFER

下拉菜单：【修改】→倒角

功能区：【修改】→▰

命令输入后提示：

```
命令: _chamfer
("修剪"模式) 当前倒角距离 1 = 0.0000, 距离 2 = 0.0000          (注意: 倒角距离默认是0)
选择第一条直线或 [放弃(U)/多段线(P)/距离(D)/角度(A)/修剪(T)/方式(E)/多个(M)]: d    (输入D后指定倒角的尺寸)
指定 第一个 倒角距离 <0.0000>: 200
指定 第二个 倒角距离 <200.0000>:
选择第一条直线或 [放弃(U)/多段线(P)/距离(D)/角度(A)/修剪(T)/方式(E)/多个(M)]:    (选择第一条直线)
选择第二条直线, 或按住 Shift 键选择直线以应用角点或 [距离(D)/角度(A)/方法(A)]:   (选择相邻的第二条直线)
```

各选项含义如下:

1. 放弃(U):放弃上一次的倒角操作。

2. 多段线(P):对整个多段线每个顶点处的相交直线进行倒角,并且倒角后的线段将成为多段线的新线段。

3. 距离(D):设置倒角的二个边的距离。

4. 角度(A):设置倒角的一个距离和一个角度来控制倒角的大小。

5. 修剪(T):设置是否对倒角进行修剪,默认是修剪状态。

6. 方式(E):用于选择倒角方式,是采用距离还是角度方式。

7. 多个(M):重复执行多个倒角命令。

执行倒角命令,首先要修改倒角距离,因为默认是0,做不出倒角。键入字母D回车,修改第一个倒角距离和第二个倒角距离,二个倒角距离可以相等,也可以不等,接下来依次选择两条直线,即完成倒角操作,如图6-32所示。

(a) 矩形原图　　　　(b) 二个倒角距离等值　　　(c) 二个倒角距离不等值

图6-32　对象的倒角

给定倒角距离值以后,如果需要做相同的倒角,下一次输入就不需要再次设定倒角距离,直接选择二条需要倒角的图线即可。

6.16　圆　角

圆角

圆角命令用于将两个对象连接的部分以圆弧光滑过渡。命令的输入方法是:

命令:FILLET

下拉菜单:【修改】→圆角

功能区:【修改】→

命令输入后提示:

```
命令: fillet
当前设置: 模式 = 修剪, 半径 = 0.0000                        (注意: 默认圆角半径是0)
选择第一个对象或 [放弃(U)/多段线(P)/半径(R)/修剪(T)/多个(M)]: r     (首先输入R,修改圆角半径)
指定圆角半径 <0.0000>: 300
选择第一个对象或 [放弃(U)/多段线(P)/半径(R)/修剪(T)/多个(M)]:        (选择第一个对象)
选择第二个对象, 或按住 Shift 键选择对象以应用角点或 [半径(R)]:        (选择第二个对象)
```

各选项含义如下：

1. 放弃(U)：放弃上一次的圆角操作。

2. 多段线(P)：对整个多段线每个顶点处的相交直线进行圆角，并且圆角后的线段将成为多段线的新线段。

3. 半径(R)：设置圆角的半径大小。

4. 修剪(T)：设置是否对圆角进行修剪，默认是修剪状态。

5. 多个(M)：重复执行多个圆角命令。

执行圆角命令，首先键入字母"R"回车，给出圆角的半径大小。接下来依次选择两条直线，或者二个圆，即完成圆角操作，如图 6-33 所示。

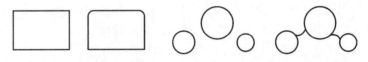

(a) 直线做圆角   (b) 圆之间做圆角连接

图 6-33　对象的圆角

小提示

1. 倒角与圆角命令类似，执行命令后必须先给出倒角距离或者半径。

2. 有时给出距离和半径也不显示圆弧或者倒角时，就需要测量一下原图的大小，看一下给出的倒角值或半径值是否与原图匹配。例如一个边长 100 的正方形，不能做出半径大于 100 的圆角，半径超过边长做不出圆角，会提示"＊无效＊"。

3. 尺寸较大的图形给出特别小的倒角或半径值，尽管可以做出倒角或圆角，但是只有局部放大这个细节时才能看到，注意配合视图缩放观察倒角或圆角。

6.17　分　解

分解就是将组合的整体对象分解成各自独立的对象，如"矩形""多边形"命令绘制的均是一个整体，块、标注等也都是一个整体。如果要对这些整体中的某一部分进行编辑，就需要先利用"分解"命令将这些对象分解。

分解

命令的输入方法是：

命令：EXPLODE

下拉菜单：【修改】→分解

功能区：【修改】→ 图

命令输入后提示选择对象，用鼠标左键拾取需要分解的对象后回车即完成分解。此后可以对分解后的单一实体进行编辑处理。如图 6-34 所示，五边形分解前选择时为整体，一次选中五条边，点击"分解"后，五边形的每条边都是独立的对象。

注意:带线宽的多段线、矩形等分解后线宽信息会丢失,可以用 undo 命令恢复。

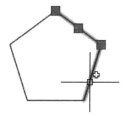

　　(a) 分解前为一个整体　　　(b) 分解后边为独立的直线

图 6-34　对象的分解

6.18　合　并

合并

　　合并命令用于将独立的图形对象合并为一个整体,它可以将多个对象进行合并,包括圆弧、椭圆弧、直线、多段线和样条曲线等图形对象。在其公共端点处合并一系列有限的线性和开放的弯曲对象,以创建单个二维或三维对象。产生的对象类型取决于选定的对象类型、首先选定的对象类型以及对象是否共面。构造线、射线和闭合的对象无法合并。

　　命令的输入方法是:

命令:JOIN

下拉菜单:【修改】→合并

功能区:【修改】→ ![图标]

　　命令输入后提示选择源对象或要一次合并的多个对象:,选择要合并的图形对象,然后点击回车键即完成合并操作。如图 6-35(a)所示,用直线绘制的水平线,需要合并,选择二边的水平线合并即可。点击"合并"后,结果如图 6-35(b)所示。

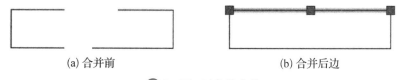

　　　(a) 合并前　　　　　　　　　　　　(b) 合并后边

图 6-35　对象的合并

6.19　编辑多段线

编辑多线段

　　AutoCAD 提供了多段线编辑工具,用以对绘制的多段线进行编辑修改,命令的输入方法是:

命令:PEDIT

下拉菜单:【修改】→【对象】→多段线

功能区:【修改】→ 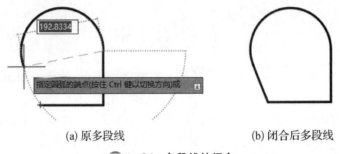（图标）

命令输入后提示选择多段线,如果对单条多段线进行编辑,回车后提示如下:

输入选项［闭合(C)/合并(J)/宽度(W)/编辑顶点(E)/拟合(F)/样条曲线(S)/非曲线化(D)/线型生成(L)/反转(R)/放弃(U)］:

各选项的含义如下:

1. 闭合(C)

该选项可以将原首尾不闭合的多段线闭合起来,选择此选项后,命令自动变为"打开(O)",如果再对该多段线执行"打开"命令就会切换回原来的不闭合图形。

（a）原多段线　　　　　　　　（b）闭合后多段线

图 6 - 36　多段线的闭合

2. 合并(J)

如果一条非闭合的多段线端点与直线、圆弧、椭圆弧等或另一多段线的端点重合,使用该命令可将它们添加到这条多段线上,使之连接成一条多段线。

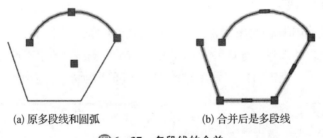

（a）原多段线和圆弧　　　　　（b）合并后是多段线

图 6 - 37　多段线的合并

3. 宽度(W)

用以改变整条多段线的宽度。该命令实际工作中使用较多,在提示后键入"W"回车,系统提示选择多段线,选择完毕,再输入新的多段线的宽度值,回车即将整条多段线的宽度统一改为输入值。

4. 编辑顶点(E)

用以对多段线进行各种与顶点有关的编辑操作,如顶点的移动、插入、删除等。

5. 拟合(F)

该选项是用圆弧连接每对相邻顶点拟合生成一条光滑的曲线,曲线通过原多段线的所有顶点,并保持在顶点处定义的切线方向,如图 6 - 38(b)所示。

(a) 原多段线　　　　(b) 拟合后　　　　(c) 样条曲线后

图 6 - 38　多段线的拟合与样条曲线

6. 样条曲线(S)

用于将选中的多段线进行样条化曲线拟合,生成的曲线以原来的多段线的顶点作为控制点,且通过第一个和最后一个控制点,曲线被拉向各个顶点,不一定通过各个顶点,如图 6 - 38(c)所示,可以看出拟合与样条曲线的区别。

7. 非曲线化(D)

用于取消"拟合"或"样条曲线"的曲线拟合操作。

8. 线型生成(L)

用于是否生成连续线型穿过整条多段线的顶点的操作。

9. 反转(R)

该选项可以反转选定多段线的顶点,反转包含文字的线型或反转不同起点宽度和端点宽度的多段线。PLINEREVERSEWIDTHS 变量为 0 时,只反转顶点,不反转线宽,变量值为 1 时,线宽顶点一起反转。如图 6 - 39(b)所示,为变量为 1 时的反转效果。

(a) 原多段线　　　　　　(b) 反转后多段线

图 6 - 39　PLINEREVERSEWIDTHS＝1 时多段线的反转

10. 放弃(U)

该选项用以取消 PEDIT 命令的前一操作,重复使用可以取消 PEDIT 命令以前所操作回到命令初始状态。

编辑样条曲线

6.20　编辑样条曲线

该命令用以对由样条曲线命令生成的曲线进行编辑。命令的输入方法是:

命令:SPLINEDIT

下拉菜单:【修改】→【对象】→样条曲线

功能区:【修改】→

命令输入后提示选择样条曲线,回车后提示如下:

输入选项 [闭合(C)/合并(J)/拟合数据(F)/编辑顶点(E)/转换为多段线(P)/反转(R)/放弃(U)/退出(X)]＜退出＞:

各选项的含义如下:

1. 闭合(C):该选项可以将原首尾不闭合的样条曲线闭合起来。

2. 合并(J)：如果一条非闭合的样条曲线端点与直线、圆弧、椭圆弧、曲线或另一样条曲线的端点重合，使用该命令可将它们添加到这条样条曲线上，使之连接成一条样条曲线。

如图 6 - 40(a)所示，样条曲线左端接一段圆弧，右端接一段直线，合并后是一条样条曲线如图 6 - 40(b)所示。

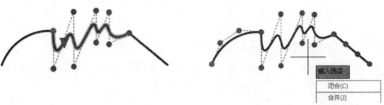

(a) 原样条曲线、椭圆弧和直线　　　　　(b) 合并后是一条样条曲线

图 6 - 40　样条曲线的合并

3. 拟合数据(F)：可将样条曲线的控制点显示变为可编辑调整的点显示，控制点被激活。输入后命令行提示：

［添加(A)/闭合(C)/删除(D)/扭折(K)/移动(M)/清理(P)/切线(T)/公差(L)/退出(X)］＜退出＞：

各选项说明如下：

(1) 添加(A)：用以添加调整点。

(2) 闭合(C)：封闭样条曲线。执行该选项后，系统用"打开"项代替"封闭"项，则封闭的样条曲线可以再次被打开。

(3) 删除(D)：删除样条曲线所通过的点集中的点，输入字母 D 回车后，系统提示指定控制点，系统会根据其余的点生成新的样条曲线。

(4) 扭折(K)：在样条曲线上的指定位置添加节点和拟合点，不会保持在该点的相切或曲率连续性。

(5) 移动(M)：可把某个控制点移动到新的位置。

(6) 清理(P)：可删除样条曲线上的编辑调整点，样条曲线以控制显示。

(7) 切线(T)：可修改曲线起始点和终止点的切线方向。

(8) 公差(L)：可改变样条曲线的允许公差值。

(9) 退出(X)：退回到上一级命令。

4. 编辑顶点(E)：用于精密调整样条曲线的顶点。

5. 转换为多段线(P)：可将样条曲线转换为多段线。

6. 反转(R)：可使样条曲线反转方向。

7. 放弃(U)：还原操作，可取消上一次的命令操作。

8. 退出(X)：退出样条曲线编辑。

6.21　编辑多线

多线一般用来绘制墙体，绘制墙体的连接处转角处等都需要编辑。多线编

编辑多线

辑命令提供了非常快捷的方式,最大限度地体现多线绘图的优越性。命令的输入方式如下:

命令:MLEDIT✓

下拉菜单:【修改】→【对象】→多线

命令输入后弹出"多线编辑工具"对话框,如图 6 - 41 所示。该对话框中显示了四列样例图标,分别对应十字交叉、"T"形交叉、拐角处和顶点编辑以及多线的断开和连接。下面分别介绍其功能:

图6-41 多线编辑工具

1.十字工具

十字工具可编辑十字交叉处的各种状况,打开或闭合相交处的线。

2."T"字型工具

"T"字型工具也用于消除 T 字交线,并消除第一条多线的延伸部分,保留光标拾取点所在的一侧多线。注意选择多线的顺序,先选择相当于 T 字的竖线,再选择 T 字的横线,如图 6 - 42 所示。

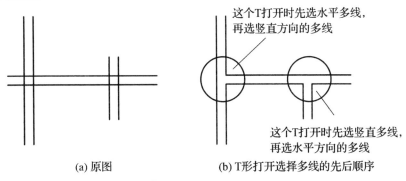

(a) 原图   (b) T形打开选择多线的先后顺序

图6-42 多线的合并

3. 拐角连接工具

拐角连接工具用于消除交线,并消除多线一侧的延伸线,保留光标拾取点所在的一侧多线从而形成拐角。

4. 增加顶点和删除顶点工具

增加顶点可以为多线增加若干顶点,以便于处理,如拉伸等。删除顶点则从有三个或更多顶点的多线上删除顶点。要使添加的顶点显示出来,在"多线样式"对话框中选中"显示连接"。

5. 剪切工具

剪切工具用于切断多线,分为单个剪切和全部剪切两种。单个剪切在多线中的某一条线上拾取两个点,将该直线两个点之间部分删除;全部剪切用于切断整条多线。切断效果如图 6-43 所示:

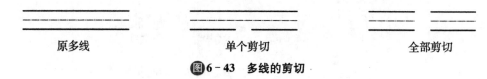

| 原多线 | 单个剪切 | 全部剪切 |

图 6-43 多线的剪切

6. 全部结合

该工具用于接合同一多线上所选两点间的任何切断部分。

如图 6-44(a)所示为设置有中心线的多线相交形成的图形,对其进行多线编辑,可以形成图 6-44(b)的效果。注意,T 形打开与合并的区别在于二条多线的中心线是连接还是分开。

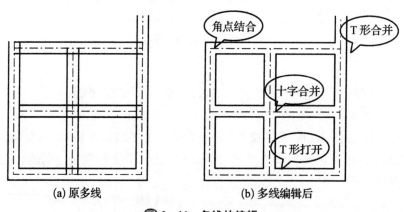

(a) 原多线　　　　　(b) 多线编辑后

图 6-44 多线的编辑

6.22　绘图实训

例 6-1

【例 6-1】 绘制图 6-45 所示的图形。

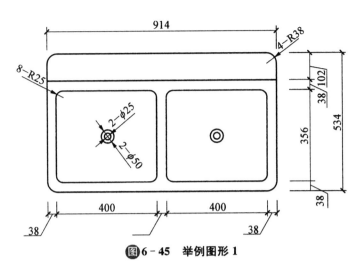

图 6-45 举例图形 1

参考作图步骤：

(1) 绘制矩形，914×534；

(2) 分解矩形，偏移 102，做出中间的分格线；

(3) 继续偏移大矩形的边和中间分格线，偏移距离 38，偏移 400；

(4) 修剪掉多余的线；

(5) 做出圆角；

(6) 做出中间位置的圆；完成绘图。

【例 6-2】 绘制图 6-46 所示的图形。

例 6-2

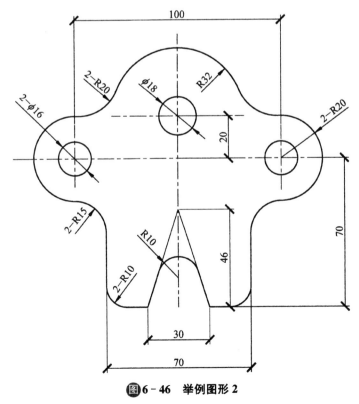

图 6-46 举例图形 2

参考作图步骤：

(1) 绘制水平和竖直中心线。

(2) 水平中心线向上偏移 20 以确定顶部 Φ18 及 R32 圆的圆心，画出完整的圆；竖直中心线向左偏移 50 以确定左边 Φ16 圆及 R20 圆的中心，画出完整的圆。

(3) 圆角画出 R20 连接弧。

(4) 竖直中心线向左偏移 35，水平中心线向下偏移 70，特性匹配成粗轮廓线。

(5) 圆角，画出 R15 及 R10 两段连接弧。

(6) 画出倾斜直线。

(7) 修剪多余部分。

(8) 以竖直中心线为对称中心线，镜像画出右边部分。

(9) 修剪成图。

【例 6 - 3】 绘制图 6 - 47 所示的图形。

例 6 - 3

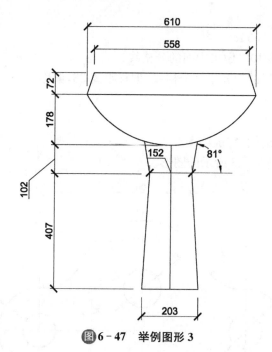

图 6 - 47 举例图形 3

参考绘图步骤：

(1) 绘制尺寸 610 的直线，并将直线向上偏移 72，向下偏移 178、102、407；

(2) 打开对象捕捉，打开中点模式，利用中点做直线的垂直平分线，即对称中心线；

(3) 将中心线左右各偏移 558/2；找到最上面一条直线的端点，连线；

(4) 三点方式画圆弧；

(5) 利用偏移命令和直线命令绘制下面的立柱；

(6) 修剪多余的线，完成图形。

思考与练习

6-1 绘制习题图 6-1 的图样。

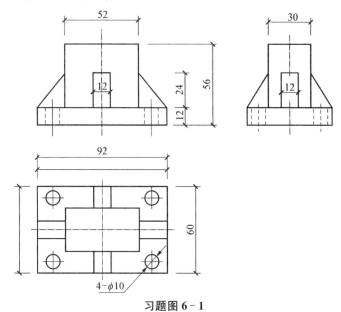

习题图 6-1

6-2 绘制习题图 6-2 的图样。

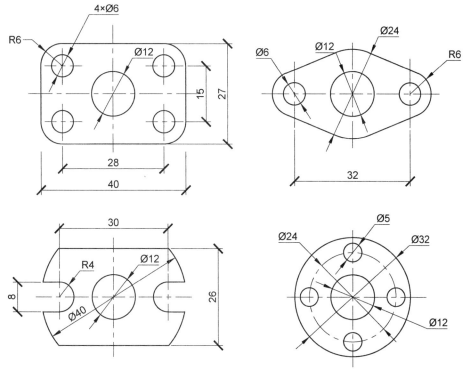

习题图 6-2

6-3 绘制习题图6-3的图样。

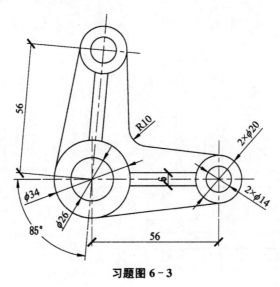

习题图6-3

6-4 绘制习题图6-4的图样。

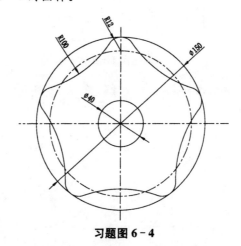

习题图6-4

6-5 绘制习题图6-5的楼梯间平面图。

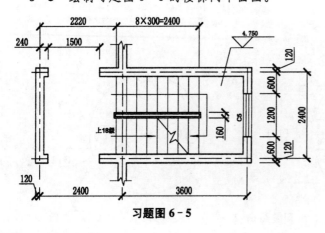

习题图6-5

扫码查看

本章作业提示

第七章
文字和表格

【能力目标】

1. 能使用文字和表格命令输入文字和绘制表格。

【知识目标】

1. 掌握文字样式的创建方法。

2. 掌握多行文字的输入和编辑方法。

3. 掌握单行文字的输入和编辑方法。

4. 掌握表格的绘制和修改方法。

在工程图设计中除了进行图形绘制，还要对图形进行必要的文字注释，最常见的有技术要求、设计说明、标题栏等。另外，有时还需要制作表格，对表格进行修改等。本章将详细介绍文字输入和表格制作的相关内容。

7.1 文 字

文字

▶ 7.1.1 设置文字样式

在 AutoCAD 中，所有文字都有与之相关联的文字样式，文字样式包括文字的"字体""字型""高度""宽度系数""倾斜角""反向""倒置"以及"垂直"等参数。命令的输入方法是：

命令：STYLE
菜单：【格式】→【文字样式】
功能区：【注释】→ A

通过以上命令，可以打开"文字样式"对话框，如图 7-1 所示，利用该对话框可以修改或创建文字样式，并设置当前文字样式。

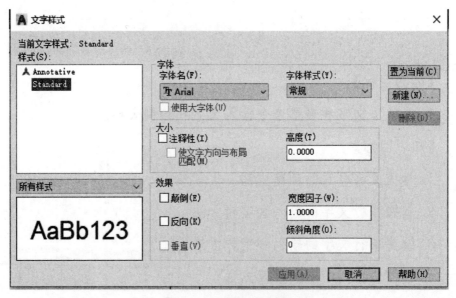

图 7-1 文字样式对话框

1. 新建文字样式

在"文字样式"对话框中，"样式"下拉列表框，列出当前可以使用的文字样式，默认文字样式为 Standard。绘图时需要创建符合自己要求的新样式。

单击"新建"按钮可打开如图 7-2(a)所示"新建文字样式"对话框，在"样式名"文本框中输入新建文字样式名称"设计样式 1"后，如图 7-2(b)所示，单击"确定"按钮，在样式列表中可以看到新的文字样式"设计样式 1"，如图 7-2(c)所示。

图7-2 新建文字样式

　　新建的文字样式也可以删除，选中某个文字样式，单击"删除"按钮可以删除未被使用的已有的文字样式，但无法删除已经被使用的文字样式和默认的 Standard 样式。

　　2. 设置字体

　　在"文字样式"对话框中，"字体"选项组可以设置字体和字体样式等文字属性。在"字体名"下拉列表框中可以选择字体，如图7-3所示；在"字体样式"下列表框中可以选择字体的格式，比如常规字体、斜体和粗体等，如图7-4所示。

　　当选中"使用大字体"复选框时，"字体样式"下拉列表框变为"大字体"下拉列表框，用于选择大字体文件。

　　3. 设置文字大小

　　"文字样式"对话框中，"大小"选项组可以设置文字注释性和高度。在"高度"文本框中可以设置文字的高度，但是一般不要设置，默认值为0，可在插入文字时再设置文字高度。

一小提示

　　文字高度在这里一般为0，不必修改，不设置高度。因为一旦设置，同一个文字样式输入的文字字高就会统一成固定高度，在尺寸标注时字高设置也会显示成灰色，不能修改。

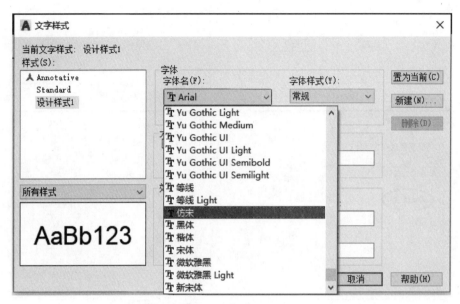

图 7 - 3　选择字体

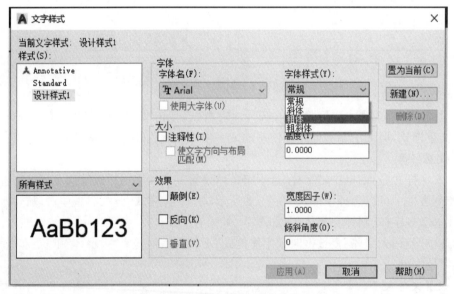

图 7 - 4　设置字体样式

4. 设置文字效果

"文字样式"对话框中,"效果"选项组可以设置文字的显示效果,如图 7 - 5 所示,其中各选项的功能如下:

颠倒:可设置将文字倒过来书写。

反向:可设置将文字反向书写。

垂直:可设置将文字垂直书写,但垂直效果对汉字无效。

宽度因子:设置文字字符的高度和宽度之比,当"宽度因子"值为 1 时,将按系统定义的高宽比书写文字;当"宽度因子"小于1时,字体会变窄;当"宽度因子"大于1时,字体则变宽。

倾斜角度:设置文字的倾斜角度,角度为0时不倾斜;角度为正值时向右倾斜;为负值时向左倾斜,用户只能输入-85°～85°之间的角度值,超过这个区间的角度值将无效。

设置完文字样式后,单击"应用"按钮即可应用文字样式。然后单击"关闭"按钮,关闭"文字样式"对话框。

输入文字时如果需要选择文字样式,可以点击功能区"注释"选择已经建立的文字样式,如图7-5所示。

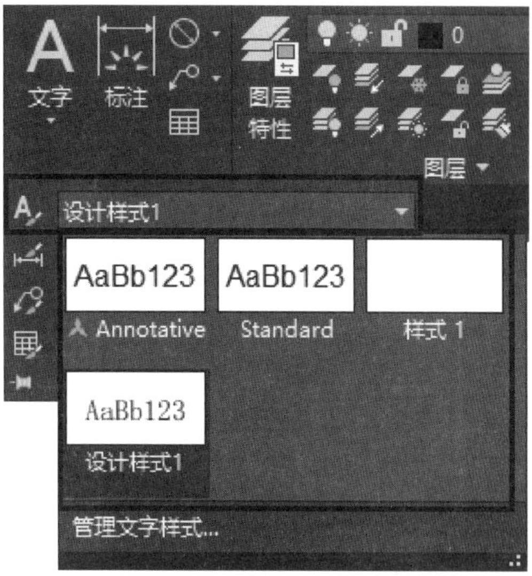

7.1.2 多行文字的输入与编辑

"多行文字"功能可以输入图样的技术要求、设计说明和施工说明等。"多行文字"易于管理,可以对其进行编辑、修改文字样式等操作。

命令的输入方法是:

命令:MTEXT

菜单:【绘图】→【文字】→【多行文字】

功能区:【注释】→ A → A 多行文字

图7-5 选择文字样式

执行该命令后,要在绘图区域指定一个起点,框选出放置多行文字的区域范围,在文字编辑器中有样式、格式、段落、插入、拼写检查、工具、选项、关闭等选项卡,如图7-6所示。

图7-6 多行文字的"文字编辑器"输入窗口

文字编辑器中各主要选项的功能如下:

1. 样式:选择用户设置的文字样式和字体的高度。

2. 格式:可以设置文字的类型和文字效果。

(1)"文字字体"下拉列表框:可以为新输入的文字指定字体或改变选定文字的字体。

(2)"加粗""倾斜""下划线"和"上划线"按钮:单击可以为新输入文字或选定文字设置加粗、倾斜、加下划线和上划线效果。

(3)"上标"与"下标"按钮:选中需要做上标或下标的文字时,按钮就不再显示成灰色,可以操作了。

（4）"堆叠" 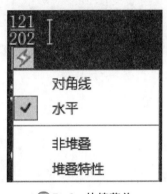 按钮：堆叠按钮可以使用"/"垂直堆叠分数，使用"♯"沿对角方向堆叠分数、使用"^"堆叠公差，在使用时需要在文本之间用以上字符分隔，然后选择需要堆叠的文字，单击 按钮或直接回车确认。堆叠效果如图 7-7 所示。

$121/202$ $\frac{121}{202}$ $300\#878$ $^{300}\!/_{878}$ $\phi 560.000^{\,}-0.025$ $\phi 56^{0.000}_{-0.025}$

图 7-7　文字堆叠效果

输入堆叠的分隔符后只要按空格键，AutoCAD 会自动堆叠字符，如果不需要堆叠，可以按堆叠后字符下面的 ，系统弹出图 7-8 所示的快捷菜单，选择"非堆叠"即可。也可以选择"堆叠特性"命令，弹出图 7-9 所示对话框，然后选择各种样式外观。

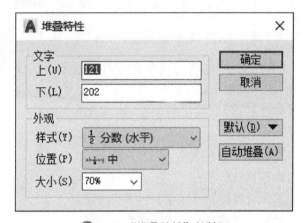

图 7-8　快捷菜单　　　　**图 7-9　"堆叠特性"对话框**

文字编辑器中的段落、插入、拼写检查和工具等选项与办公软件 WPS 类似，不再赘述。

在实际绘图中，除了要输入汉字、英文还需要标注一些特殊的字符。例如，在文字上方或下方添加划线、标注度（°）、±、Φ 等符号。这些特殊字符不能从键盘上直接输入，因此 AutoCAD 提供了相应的控制符，以实现这些标注的要求。

AutoCAD 的控制符由两个百分号（％％）及在后面紧接一个字符构成，常用的控制符如表 7-1 所示。

表 7-1　AutoCAD 常用控制符

控制符	功能
％％O	打开或关闭文字上划线
％％U	打开或关闭文字下划线
％％D	标注度（°）符号
％％P	标注正负公差（±）符号
％％C	标注直径（Φ）符号

输入多行文字后如果需要修改一些内容，用户可以编辑已创建的多行文字。

在绘图窗口中双击需要修改的文字，可以打开文字编辑窗口进行编辑和修改。

也可以鼠标左键单击多行文字,然后右击,从弹出的右键快捷菜单中选择"编辑多行文字"可以重新打开多行文字编辑窗口。

也可以命令行输入"DDEDIT",或者在"修改"下拉菜单找到"对象—文字—编辑"可以打开文字编辑窗口。

7.1.3 单行文字的输入与编辑

在 AutoCAD 中,单行文字可以创建单行和多行文本,每一行都是独立的一个文字对象,通常先要设置文字样式,然后进行单行文本输入。

命令的输入方法是:

命令:DTEXT(DT)

菜单:【绘图】→【文字】→单行文字

功能区:【注释】→ A → A 单行文字

执行该命令后,命令行显示如下提示信息:

```
命令: _text
当前文字样式: "设计样式1"  文字高度: 2.5000  注释性: 否  对正: 左
指定文字的起点 或 [对正(J)/样式(S)]:
指定高度 <2.5000>:
指定文字的旋转角度 <0>:
```

各选项含义如下:

1. 指定文字的起点:通过指定单行文字的起点位置。

2. 对正(J):可以设置文字的对正方式,输入 J 后命令行显示如下提示信息:

输入选项 [左(L)/居中(C)/右(R)/对齐(A)/中间(M)/布满(F)/左上(TL)/中上(TC)/右上(TR)/左中(ML)/正中(MC)/右中(MR)/左下(BL)/中下(BC)/右下(BR)]:

系统为文字提供了上面显示的多种对正方式。

3. 样式(S):可以设置当前使用的文字样式。选择该选项时,命令行提示如下信息:

输入样式名或[?]〈设计样式1〉:

可以直接输入文字样式的名字,也可以输入"?"回车,在命令行窗口中显示当前图形已有的文字样式,找到样式名用键盘输入。

4. 指定高度:要求指定文字高度,否则将使用"文字样式"对话框中设置的文字高度。

5. 文字的旋转角度:要求指定文字的旋转角度。文字旋转角度是指文字行排列方向与水平线的夹角,逆时针方向为正,默认角度为 0。

输入单行文字之后,需要按<Enter>键二次或<Esc>才可以结束文字输入,按<Enter>键一次只是换行再输入一行文字。

单行文字需要编辑时,可以双击单行文字,打开编辑器,修改文字的内容且仅仅能够修改文本内容。

如果需要编辑文字的对正方式、比例,则选中对象,打开"修改"下拉菜单找到"对象—文字—对正(或比例)"进行编辑。

如果需要更改单行文字的字体样式,在文本样式对话框中找到该样式名,进行修改。

7.2 表 格

表格使用行和列以一种简洁清晰的格式提供信息,主要用于标题栏、明细表等内容的绘制。在 AutoCAD2021 中,可以创建和编辑表格。

▋▶ 7.2.1 设置表格样式

表格样式可以保证标准的字体、颜色、文本、高度和行距,用户可以使用默认的表格样式,也可以创建需要的表格样式。

设置表格样式,命令的输入方法是:

命令:TABLESTYLE
菜单:【格式】→【表格样式】
功能区:【注释】→ 〓

执行表格命令后,可见如图 7 - 10 所示的"表格样式"对话框。

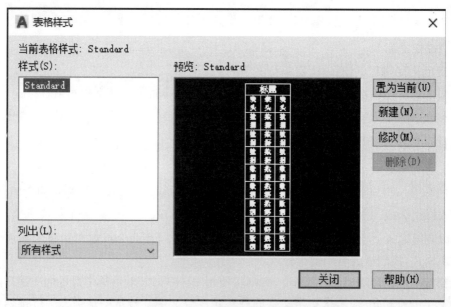

图 7 - 10 "表格样式"对话框

在"表格样式"对话框中,单击"新建"按钮,使用打开的"创建新的表格样式"对话框创建新的表格样式,如图 7 - 11 所示。

在"新样式名"文本框中输入新的表格样式名,以 Standard 为基础样式创建新样式,然后单击"继续"按钮,打开"新建

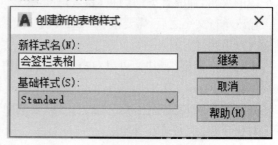

图 7 - 11 "创建新的表样式"对话框

表格样式"对话框,如图 7－12 所示。

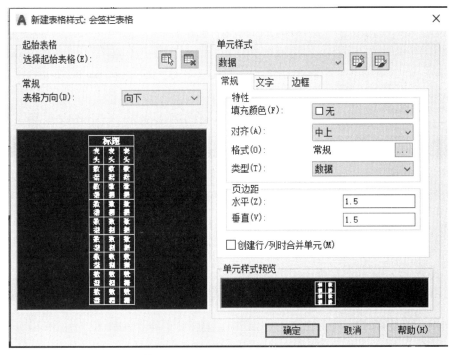

图7－12　"新建表格样式"对话框

"新建表格样式"对话框各选项功能如下:

1.起始表格:该选项是让用户在绘图区域选择一个已经绘制好表格,以此为样例表格,绘制新表格。单击 ,进入绘图区选择表格;单击 ,则将在绘图区域选择的表格删除。

2.常规:该选项用于更改表格的方向。通过在"表格方向"下拉列表框中选择"向上"或"向下"来设置表格方向。预览框可以显示当前表格创建的效果是向上还是向下。

3.单元样式:该选项用于定义新的单元样式 或修改现有的单元样式 。还可以在"数据"下拉列表框中 数据 切换表格的单元样式,系统提供了数据、标题和表头三种单元样式。

单击 按钮,将弹出 7－13 所示的管理单元格式对话框,可以对单元格式进行新建、删除和重命名等操作。

4.单元特性:在"单元特性"选项组中有常规、文字和边框选项。如图 7－14 所示。

图7－13　"管理单元样式"对话框

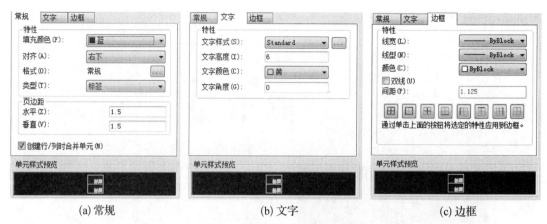

(a) 常规	(b) 文字	(c) 边框

图 7–14 "新建表格样式"对话框中的单元特性选项

各选项的功能如下：

（1）常规：可以设置单元样式的表格颜色、文字的对齐方式，标记类型等内容。

（2）文字：可以设置表格内文字的样式、高度、颜色和角度。

（3）边框：可以设置边框的线宽、线型和颜色，还可以设置表的边框是否存在，分格线是否存在。

7.2.2　创建表格

创建表格命令的输入方法是：

命令：TABLE

菜单：【绘图】→【表格】

功能区：【注释】→▦

执行以上命令，可以打开"插入表格"对话框，如图 7–15 所示。

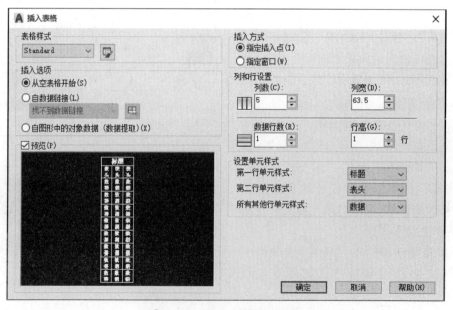

图 7–15 "插入表格"对话框

"插入表格"各选项的含义如下。

1. 表格样式：在该选项组中，可以从"表格样式名称"下拉列表框中选择表格样式，或单击按钮 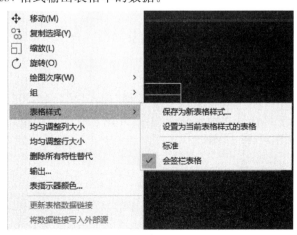，打开"表格样式"对话框，创建新的表格样式。

2. 插入选项：该选项组中有三个选项，其中"从空表格开始(S)"可以创建一个空的表格；选择"自数据链接"可以从外部导入数据创建表格；选择"自图形中的对象数据（数据提取）(X)"可以从可输出的列表或外部的图形数据中提取数据来创建表格。

3. 插入方式：该选项有二个单选按钮。选择"指定插入点"方式可以在绘图窗口的某点插入固定大小的表格；选择"指定窗口"方式可以在绘图窗口中通过指定二对角点的方式来创建任意大小的表格。

4. 列和行设置：在该选项可以设置列数和列宽，行数和行高。

5. 设置单元样式：在该选项可以设置第一行单元样式、第二行单元样式和所有其他行单元样式。默认情况下表格第一行是"标题"，第二行是"表头"，第三行开始是"数据"，参见图 7 - 15 的预览窗口，显示表格的预览效果。

小提示

AutoCAD 可以从 Microsoft 的 Excel 中直接复制表格，并将其作为 AutoCAD 的表格对象粘贴到图形中，也可以从外部直接导入图形对象。此外，还可以输出 AutoCAD 的表格数据，在 Word 和 Excel 中或其他应用程序中直接将其使用。

7.2.3　编辑表格

在添加表格以后，有时还需要对表格进行编辑，例如合并、拉伸、添加表格单元，还可以编辑表格的形状和添加表格颜色等。

1. 修改表格特性

单击表格中的任意一条表格线，从表格的右键快捷菜单中可以看到，如图 7 - 16 所示，可以均匀调整表格的行、列大小，删除所有特性替代；当选择"输出"命令时，还可以打开"输出数据"对话框，以.csv 格式输出表格中的数据。

图 7 - 16　"修改表格"右键菜单

当选中表格后,在表格的四周、标题行上将显示许多夹点,也可以通过拖动这些夹点来编辑表格,如图7-17所示。

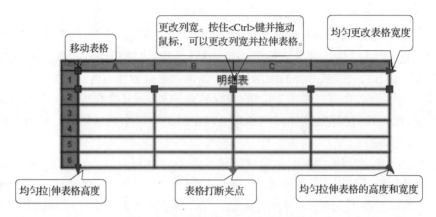

图7-17　选中表格时各夹点的含义

2. 修改表格单元

单击表格中的某个单元格后,系统打开"表格单元"选项卡编辑单元格,如图 7-18所示。

图7-18　"表格单元"选项卡

"表格单元"选项卡主要选项的功能说明如下:

(1) 行:可以插入行在上方或者下方,也可以删除选中的行。

(2) 列:可以插入列在左侧或者右侧,也可以删除选中的列。

(3) 合并:当选中多个连续的单元格后,可以全部按列或按行合并单元格。

(4) 单元样式:"匹配单元" [图] 用当前选中的表格单元格式(源对象)匹配其他表格单元(目标对象),此时鼠标指针变为刷子形状,单击目标对象即可进行匹配。

"对齐方式" [图] 下拉有很多对齐方式的选项,可以选择表格中字体所处的位置。

"编辑边框" [图 编辑边框] 用于设置单元格边框的线宽、线型等特性。单击该按钮,将弹出"单元边框特性"对话框,如图7-19所示。

(5) 插入:用于插入块、公式或字段等。如选择"插入块"命令,将打开"在表格单元中插入块"对话框。可以从中选择插入到表格中的块,并设置块在表格单元中的对齐方式、比例和旋转角度等特性,如图7-20所示。

> **小提示**
>
> 要选择多个单元格,可以按住鼠标左键并在要选择的单元上拖动,也可以按住<Shift>键同时在需要选择的单元内按住鼠标左键,可以选中这二个单元及他们之间的所有单元。

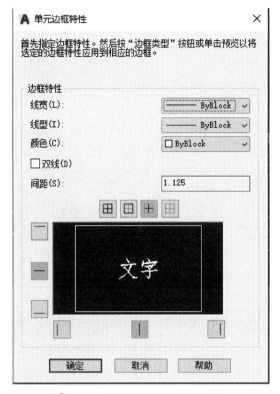

图7-19 "单元边框特性"对话框

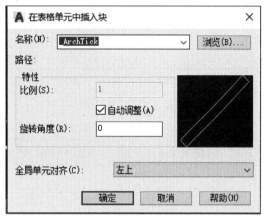

图7-20 "在表格单元中插入块"对话框

思考与练习

7-1 创建下面的文字。

设计施工说明

一、设计依据：

1.《建筑设计防火规范(2018 年版)》(GB50016—2014)

2.《江苏省住宅设计标准》(DB32/3920—2020)

3.《漩流降噪特殊单立管排水系统技术规程》(CECS287—2011)

4.《建筑灭火器配置设计规范》(GB50140—2005)

5.《消防给水及消火栓系统技术规范》(GB50974—2014)

6.《自动喷水灭火系统设计规范》(GB50084—2017)

7.《建筑给水排水设计标准》(GB50015—2019)

二、设计范围：

本工程设计范围为:室内生活给水系统、排水系统及消火栓给水系统。

三、生活给水排水系统:

1.给水系统:最高日用水量 35.0 m^3/d,最大时用水量 3.64 m^3/h。

2.热水系统:热水用水定额为 40 L/人,日(按 60 ℃计),每户按 3.5 人计。

太阳能集热面积每户不小于 1.96 m²。

3. 排水系统:最高日排水量 29.8 m³/d,最大时排水量 3.09 m³/h。

4. 给水系统竖向为二个分区:

1~5 层为低区由市政管道直接供给(水压为 0.25 MPa);

6~9 层为中区由小区统一设置变频调整泵组统一供给(水压为 0.45 MPa);

5. 排水系统为污废水合流排水系统,污水自流排出室外经化粪池处理后统一排放。

6. 卫生间排水系统采用漩流降噪特殊单立管排水系统,其余部分为普通单立管排水系统。采用单立管排水系统的污水系统,管材均为加强型螺旋管,并按要求配置漩流器。

7-2 创建下面的表格。

主要设备材料表

编号	名称	型号	性能		数量	备注
1	潜水排污泵	50QW10—9—1.1	$Q=10$ m³/h	$H=9$ m	2 台	地下室排水
		预留位置	$N=1.1$ kW	$n=2\,900$ r/min		自带控制柜
2	地上式水泵接合器	SQ100—16	自带止回阀	安全阀	1 套	

7-3 绘制习题图 7-3 所示的给水系统图并标注管径和标高。

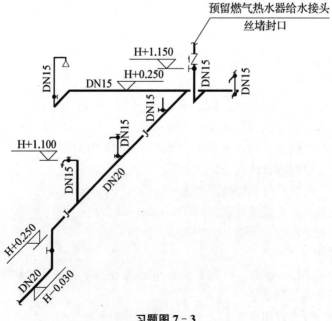

习题图 7-3

第八章
块、属性与外部参照

【能力目标】

1. 能创建块、插入块、存储块和使用外部参照。

【知识目标】

1. 了解块及其属性的特点。

2. 掌握创建块、插入块和存储块的方法。

3. 掌握定义及修改块属性的方法。

4. 掌握在图形中插入外部参照图形的方法。

5. 了解编辑和管理外部参照的方法。

6. 了解设计中心的使用方法。

块是由一个或多个对象组成的对象集合，是一个整体，用于绘制重复或复杂的图形，如卫生器具、家具等等。根据作图需要可以将一个块插入到图中任一指定位置，而且还可以按不同的比例和旋转角度插入。AutoCAD 还允许为块创建属性，可以在插入的块中显示或不显示这些属性。块的使用避免了大量的重复性工作，从而提高了绘图速度。

创建块

8.1 创建块

创建块的命令如下：

命令：BLOCK

菜单：【绘图】→【块】→【创建】

功能区：【块】→

输入命令后，界面弹出如图 8 - 1 所示对话框：

图 8 - 1 "块定义"对话框

对话框中主要选项的功能说明如下：

1. "名称"下拉列表：在此输入一个块名来定义新的块。单击右侧的下拉按钮可以查看当前图形中所有块名。

2. "基点"选项组：设置块的插入基点位置。我们可以直接在 X、Y、Z 文本框中输入，也可以单击"拾取点"按钮，切换到绘图窗口并选择基点。

该基点是图形插入过程中进行旋转或调整比例的基准点。

3."对象"选项组:设置组成块的对象。

(1)"选择对象"按钮:可以切换到绘图窗口选择组成块的各对象。

(2)"快速选择"按钮:单击该按钮可以使用弹出的"快速选择"对话框设置所选择的对象的过滤条件。

(3)"保留"单选按钮:确定创建块后仍在绘图窗口上是否保留组成块的各对象。

(4)"转换为块"单选按钮:确定创建块后是否将组成块的各对象保留并把它们转换成块。

(5)"删除"单选按钮:确定创建块后是否删除绘图窗口上组成块的原对象。

4."方式"选项组:设置组成块的对象显示方式。

(1)"注释性"复选框可以将块对象设置成是否可注释;

(2)"按统一比例缩放"复选框,选中此项,插入该块时 X、Y、Z 三个方向上采用同样的比例缩放;

(3)"允许分解"复选框,指定插入的块是否允许被分解。

5."设置"选项组:可指定块的一些设置。

(1)"块单位"下拉列表:设置从 AutoCAD 设计中心中拖动块时的缩放单位。

(2)"超链接"按钮:单击该按钮可以打开"插入超链接"对话框,在该对话框中可以插入超级链接文档。

6."说明"文本框:输入当前块的说明部分。

例如:创建一个"马桶平面"的块,在绘图区域选中已经绘制好的一个马桶图样的所有图线,如图 8-2 所示。然后点击"创建块"的图标![icon],就会在块定义对话框中看到马桶的预览,然后在输入块的名称,点击"基点"选项组的拾取点按钮,在屏幕中拾取一个插入点,然后返回对话框点击确定,就可以创建一个"马桶平面"的块。

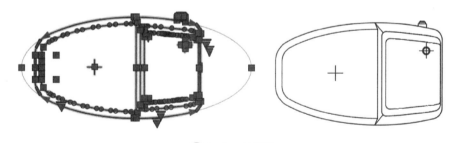

图 8-2 创建块

8.2 创建共享块

创建共享块就是用写块命令创建其他图形也可以调用的块。将图形中的块存盘,这样其他图形也可以调用这个块,实现共享。命令的输入方法是:

命令:WBLOCK

执行 WBLOCK 命令后将打开"写块"对话框,如图 8-3 所示。

写块

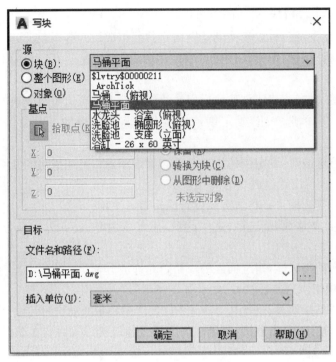

图 8-3 "写块"对话框

对话框中各主要选项的功能说明如下：

1."源"栏：可以设置组成块的对象来源。

（1）"块"单选按钮：该按钮是把当前图形中已经创建的块存盘。

（2）"整个图形"单选按钮：该按钮将全部图形作为一个块存盘。

（3）"对象"单选按钮：从当前图形中选择图形对象定义成块并存盘。

2."基点"和"对象"选项组：与"块定义"中的基点、对象含义相同，即选择图形创建为块，并设置该块的插入点。

3."目标"栏：可以设置块的保存名称和位置。点击 ，打开"浏览文件夹"对话框，选择文件的保存位置。"插入单位"下拉列表框指定块插入时的单位。

在必要的设置完成之后，单击"确定"按钮，即以文件形式在计算机中存储了一个块，其他图形也可以调用这个块。

8.3 插入块

插入块

插入块，就是将当前图形文件已有的图块或者写块命令存储的图块，插入到当前的图形中。插入块时，注意插入点的位置以及缩放比例和旋转角度。

插入块的操作方式如下：

命令：INSERT

菜单：【插入】→【块】

功能区:【块】→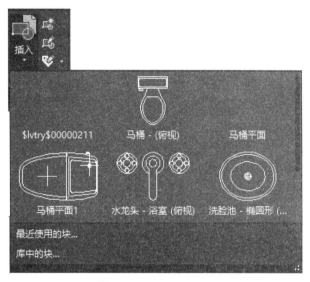

执行该命令后,界面将打开如图8-4所示的块列表,现在图形中所有的块及其块图形均可预览。

图8-4　"插入"块列表

从列表中还可以打开"最近使用的块"列表框,其中的"插入选项"中,可以调整块插入时的比例、旋转、调整叠放次序、分解块,如图8-5所示。

也可以从库中调用块和插入块,如图8-6所示,可以从"写块"时存储的文件夹中调用块。

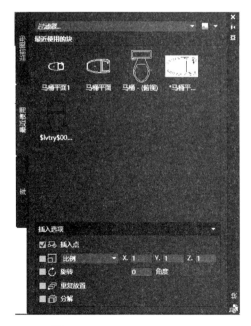

图8-5　最近使用的块列表框

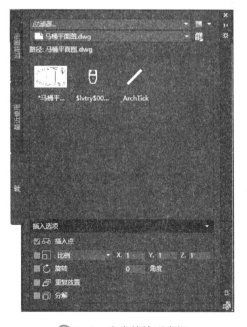

图8-6　库中的块列表框

8.4　块属性

块属性是附属于块的信息,是包含在块中的可修改的注释。

创建块前应先定义块的每个属性,然后再创建块,插入有属性的块时,系统将提示输入需要的属性值,可以根据需要输入不同的值。

▶ 8.4.1　定义块属性

可以用如下命令来定义块属性:

命令:ATTDEF
菜单:【绘图】→【块】→【定义属性】
功能区:【块】→ 🔳

执行该命令后,AutoCAD 界面将显示如图 8-7 所示的"属性定义"对话框。

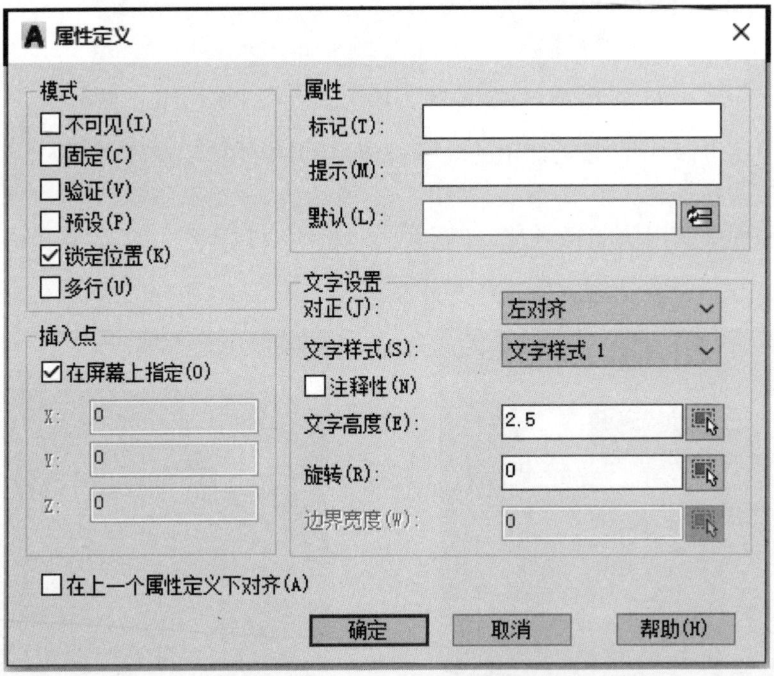

图8-7　"属性定义"对话框

对话框的各项说明如下:

1."模式"栏:该栏可以设置属性的模式,包括如下选项:

(1)"不可见"复选框:设置插入块后是否显示其属性值。

(2)"固定"复选框:用于设置插入块时属性是否为固定值。

(3)"验证"复选框:用于设置插入块时是否对属性值进行验证。

(4)"预设"复选框:用于确定插入块时是否将属性值直接预置成它的默认值。

（5）"锁定位置"复选框：用于锁定属性在块中的位置。

（6）"多行"复选框：指定属性值可以包含多行文字。

2. "属性"栏：该栏可以定义块的属性。

（1）"标记"文本框：在此输入属性的标记，标记仅在定义中出现。

（2）"提示"文本框：在此输入插入块时系统显示的提示信息。

（3）"默认"文本框：在此输入属性的默认值。

3. "插入点"栏：该栏可以设置属性值的插入点，即属性文字排列的参照点。用户可直接在 X、Y、Z 文本框中输入点的坐标，也可以选中"在屏幕上指定"，然后在绘图窗口上拾取一点作为插入点。

4. "文字设置"栏：可以设置属性文字的格式，包括如下选项：

（1）"对正"下拉列表框：设置属性文字的对正方式。

（2）"文字样式"下拉列表框：设置属性文字的样式。

（3）"文字高度"栏：设置属性文字的高度。

（4）"旋转"栏：设定属性文字行的旋转角度。

5. "在上一个属性定义下对齐"复选框：可以为当前属性采用上一个属性的文字式样、字高及旋转角度，且另起一行按上一个属性的对正方式排列。

设置完"属性定义"对话框中的各项内容后，单击"确定"按钮，系统将完成一次属性定义，我们可以用上述方法为块定义多个属性。

在创建带有附加属性的块时，需要同时选择块属性作为块的成员对象，带有属性的块创建完成后，就可以使用"插入"块命令，在图形中插入该块了。

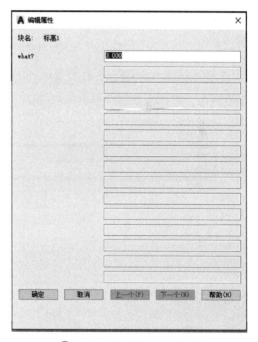

图 8-8 "编辑属性"对话框

8.4.2 插入属性块

用"插入块"命令插入具有属性的块时，除原有的命令行提示外，当指定插入点后将会出现编辑属性的对话框，如图 8-8 所示。可以编辑属性栏中的数值，修改为需要的数值即可。

8.4.3 属性块实例

【例 8-1】 创建具有属性的"标高"图块。

创建块的步骤如下：

（1）绘制标高符号，如图 8-9（a）所示。

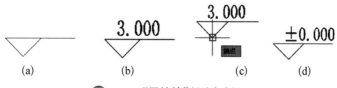

图 8-9 "属性块"创建与插入

（2）点击，用"属性定义"创建属性，如图 8 – 10 所示，点击确定，将标记"3.000"放入标高符号的上部横线上，如图 8 – 9(b)所示。

图 8 – 10　定义标高块的属性

属性块

（3）用创建块命令创建具有属性的块，如图 8 – 11 所示。命名块的名称"标高 1"；选择对象，在屏幕上把图形和属性都选中；并拾取块的基点，即拾取块的插入点，如图 8 – 9(c)所示。

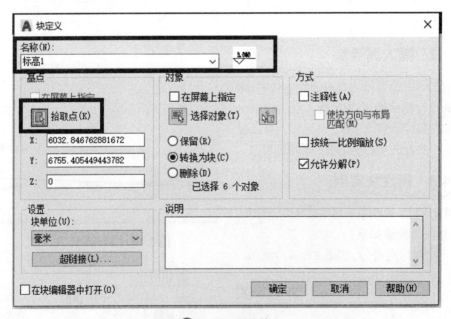

图 8 – 11　创建块

（4）创建块完成后点击确定，会出现编辑属性对话框，可以看到"what"提示语，默认是 3.000，也可以修改为其他默认值。此处不修改，直接点击确认即可。

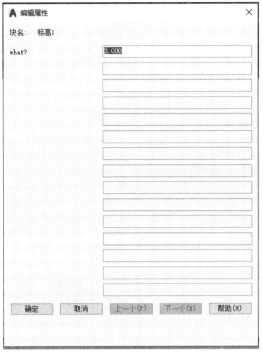

图 8 - 12　编辑属性

（5）插入属性块，点击 ，选择"标高 1"确认，在屏幕中指定块的插入点后，出现编辑属性对话框，在其中输入"％％p0.000"，则可以看到插入的属性块如图 8 - 9(d)所示。

可以继续插入块，修改不同的属性值，则得到不同标高值的图形。

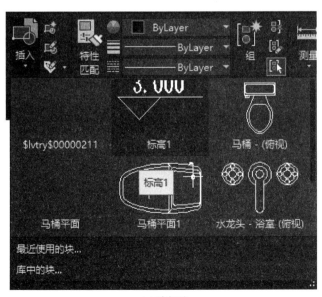

(a) 选择块

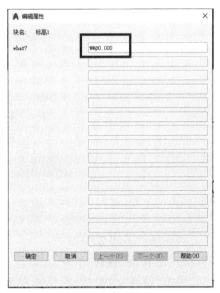

(b) 编辑属性

图 8 - 13　插入属性块

8.5　属性编辑与管理

AutoCAD 提供了属性块的编辑功能和属性管理功能。

▶ 8.5.1　编辑属性

可以用如下命令来编辑块属性：

命令：EATTEDIT
菜单：【修改】→【对象】→【属性】→【单个】
功能区：【块】→ 🔲

在绘图窗口中选择带属性的块后，AutoCAD 将打开如图 8-14 所示的"增强属性编辑器"对话框。

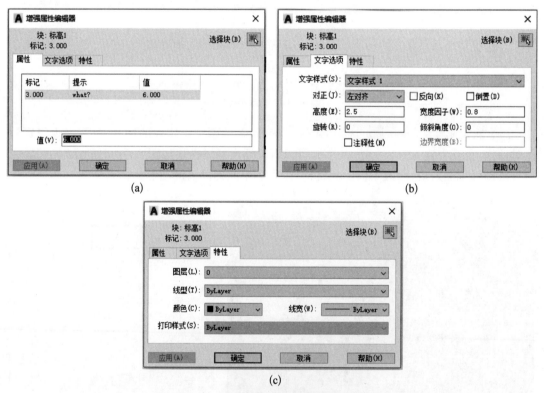

(a)　　　　　　　　　　　　　(b)

(c)

图 8-14　"增强属性编辑器"对话框

对话框的各项说明如下：

1. "选择块"按钮

单击"选择块"按钮，对话框将暂时关闭，用户可从图形区域选择属性块，然后返回对话框。

2.“属性”选项卡

“属性”选项卡的列表框显示了块中每个属性的标识、提示和值。用户可以通过“值”文字框修改属性值。

3.“文字选项”选项卡

“文字选项”选项卡用于修改属性文字的格式。可以设置文字的样式、文字的对齐方式、文字高度、文字的旋转角度、文字行是否反向显示、文字是否上下颠倒显示、文字的宽度系数和文字的倾斜角度等。

4.“特性”选项卡

“特性”选项卡用于修改属性文字的图层以及其线宽、线型、颜色及打印样式等。

5.“应用”按钮

在修改了属性的值、文字选项、特性后，单击“应用”按钮确认已进行的修改，更新属性图形。

此外，我们也可以使用 ATTEDIT(属性编辑)命令编辑块属性。执行该命令并选择需要编辑的块对象后，系统将打开“编辑属性”对话框，在其中即可以编辑或修改块的属性值。

8.5.2　块属性管理器

块属性管理器可以管理当前图形中块的属性定义。可以在块中编辑属性定义、从块中删除属性以及更改插入块时属性值的提示顺序，因而它的功能更强。

命令的输入方法是：

命令：BATTMAN
菜单：【修改】→对象→属性→块属性管理器
功能区：【块】→

用上述三种方式都可以打开“块属性管理器”对话框，如图 8 - 15 所示。

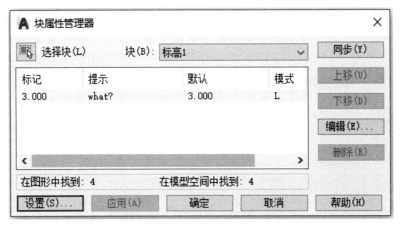

图 8 - 15　“块属性管理器”窗口

点击图 8 - 15 中的设置，可以打开图 8 - 16 的“块属性设置”对话框，从中可以选择和清除一些属性特征。

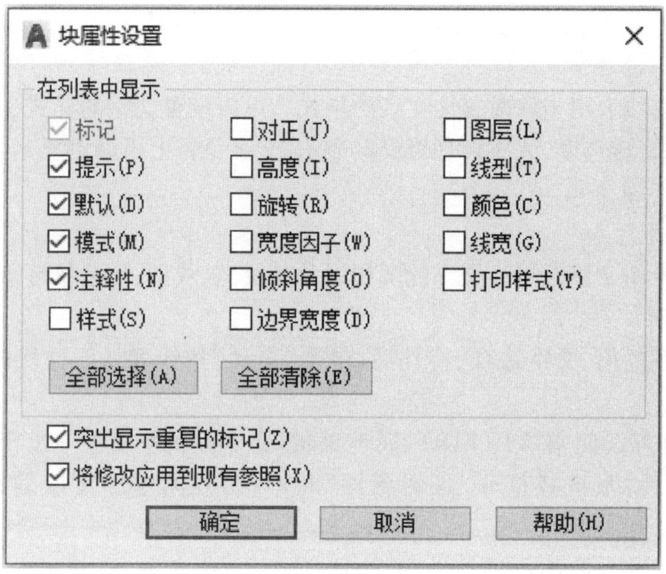

图 8-16 "块属性管理器"对话框中的"设置"对话框

8.6　使用外部参照

使用外部参照

外部参照与块的主要区别是:一旦插入了块,该块就永久性地插入到当前图形中,成为当前图形的一部分;而以外部参照方式将图形插入到某一图形后,被插入图形文件的信息并不直接加到主图形中,主图形只是记录参照的关系。

例如绘制建筑给排水平面图,通常以建筑平面图作为外部参照绘制,这时如果建筑师对建筑平面图进行修改,则所作的修改可以立即反映到引用了该平面图作为外部参照的给排水平面图中。

8.6.1　插入外部参照

插入外部参照,命令的输入方法是:

命令:XATTACH
菜单:【插入】→外部参照
工具栏:【插入】→【参照】→

执行该命令后,界面将打开如图 8-17 所示的"选择参照文件"对话框。

在该对话框中选择需要插入的外部参照文件,然后单击"打开"按钮,会弹出"外部参照"对话框,如图 8-18 所示。

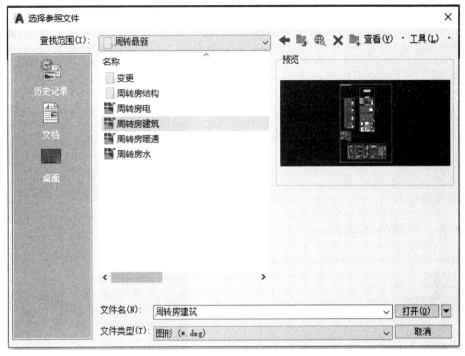

图 8–17 "选择参照文件"对话框

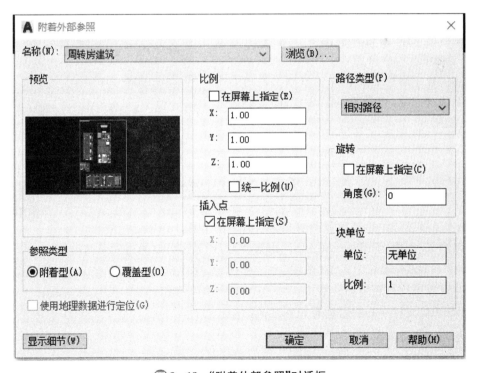

图 8–18 "附着外部参照"对话框

对话框中各主要选项的功能如下：

1."名称"下拉列表框：显示需要插入的外部参照的文件名称。

2."参照类型"选项组：可以确定外部参照的类型，包括"附着型"和"覆盖型"两种类型。如果选择"附着型"单选按钮，将显示出嵌套参照中的嵌套内容；选择"覆盖型"单选按钮，则不显示嵌套参照中的嵌套内容。

3."路径类型"栏：它包括"完整路径""相对路径"和"无路径"3 种类型。

4."插入点、比例、旋转、块单位"栏：与块的插入类似，不再赘述。

设置完毕单击"确定"按钮，就可以仿照插入块的方式插入外部参照。

▮▶ 8.6.2 拆离外部参照

一张图中使用了外部参照，主图形只是记录了参照的位置和名称，图形文件信息并不直接加入，使用"拆离"命令，才能删除外部参照和相关关联信息。

命令的输入方法是：

命令：XREF/XR

工具栏：【插入】→【参照】→右下角按钮⤵

执行该命令后，将打开如图 8－19 所示的"外部参照"选项板。

在选项板中选择需要删除的参照文件后右击弹出右键快捷菜单，选择"拆离"命令，即可拆离外部参照，如图 8-19 所示。

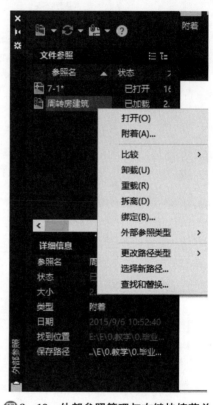

图 8－19 外部参照管理与右键快捷菜单

8.7 设计中心

AutoCAD 设计中心是重复利用和共享内容的工具。利用设计中心，用户不仅可以浏览、查找、管理 AutoCAD 图形等资源，而且还可以通过简单的拖放操作，将位于本地计算机上的块、图层、文字样式、标注样式等对象插入到当前图形，从而能够使已有资源得到再利用和共享。

设计中心

AutoCAD 设计中心的启动有如下方式：

命令：ADCENTER

功能区：【视图】→【选项板】→▦

AutoCAD 设计中心如图 8－20 所示。

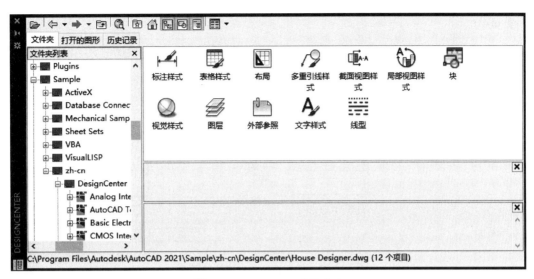

图 8-20 AutoCAD 设计中心

1. 设计中心的组成

从图 8-20 中可以看出,设计中心主要由一些按钮和左、右两个区组成,左边区域为文件夹树状视图区,右边区域为内容区。

设计中心的具体位置由 AutoCAD 软件安装时的位置决定,一般在 C:\Program Files\Autodesk\AutoCAD 2021\Sample\zh-cn\DesignCenter,可以在 DesignCenter 文件夹中打开一个文件,可以看到文件中的标注样式、表格样式、块、文字样式等内容,点击块,可以打开文件中包含的块,如图 8-21 所示,打开 Kitchens.dwg 文件中的块,在右侧内容区可以预览这些块。

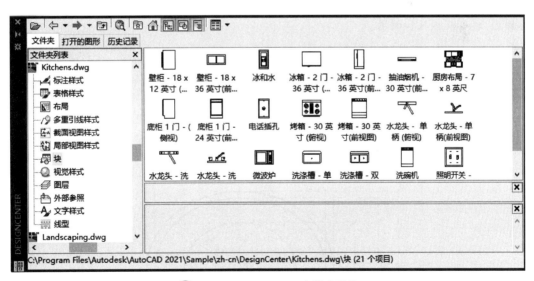

图 8-21 Kitchens.dwg 文件中的块

2. 利用设计中心插入块

在内容区找到要插入的块,双击"块"图标,出现"插入"对话框,如图 8-22 所示,可以在对话框指定插入点、插入比例、是否旋转等,注意插入单位是英寸。

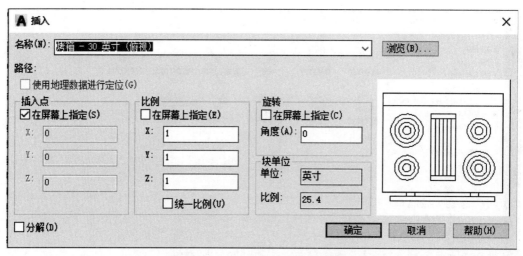

图 8 - 22   插入设计中心块的对话框

更为便捷调用设计中心的块的方法是：用鼠标左键点击需要插入的块，直接拖动到绘图区域，块就可以插入到当前的图形中，如果大小位置不合适，可以通过移动、缩放和旋转命令更为直观的调整块的位置和大小。

利用 AutoCAD 设计中心，用户还可以将其他图形中的图层、线型、文字样式、尺寸标注样式、外部参照等内容添加到当前图形，但因为设计中心采用的英制单位，一般很少使用。

> **小提示**
>
> 用户也可以从其他图形文件中复制一个块到当前文件中，当前文件也就会有这个块及其块名，也可以插入和调用。

思考与练习

8 - 1   绘制习题图 8 - 1 的图形并创建为"洗脸池"块。

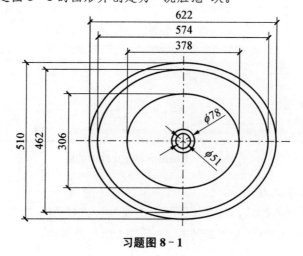

习题图 8 - 1

8-2　绘制习题图 8-2 中的窗,并创建为块,窗框内偏移 50,窗扇内偏移 30。

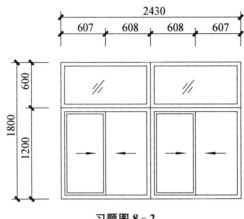

习题图 8-2

8-3　绘制习题图 8-3 的一层平面图。

(1)定位轴线的圆为直径 8 mm 的细实线圆,因为绘图时采用 1:1 绘图,打印时若采用 1:100,需要将定位轴线圆的直径改为 800 mm,将其创建为属性块。

提示:定义属性时属性标记的插入点应选择圆心,文字对正方式应选择"中间"对正,文字的高度为 500。

(2)创建标高属性块,参考例题 8-1。

(3)插入块。

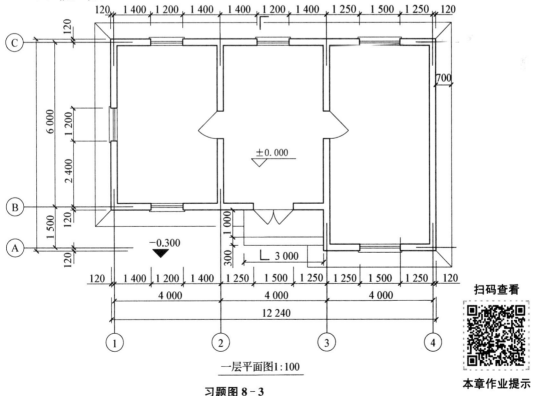

一层平面图 1:100

习题图 8-3

扫码查看

本章作业提示

第九章
尺寸标注与编辑

【能力目标】

1. 能利用各种尺寸标注命令对图样进行尺寸标注。

【知识目标】

1. 了解尺寸标注的基本概念。

2. 掌握尺寸样式的设置方法。

3. 掌握图样尺寸标注的方法。

4. 掌握尺寸标注的编辑方法。

尺寸标注是工程图绘制的一项重要内容,因为绘制图形只能反映物体的形状,图形中各对象的真实大小和相对位置需要尺寸标注才能确定。本章主要介绍注释菜单中尺寸标注的设置、尺寸标注的类型与标注方法、尺寸标注的编辑和修改等内容。

9.1　尺寸的组成

一个完整的尺寸由尺寸界线、尺寸线、尺寸起止符号和尺寸数字组成,如图 9 - 1(a)所示。尺寸标注应符合《房屋建筑制图统一标准》(GB/T 50001—2017)的规定。

1. 尺寸界线应用细实线绘制,一般应与被标注长度垂直。对于建筑制图,标注时其一端应离开图样轮廓线不小于 2 mm,另一端宜超出尺寸线 2～3 mm。图样轮廓线可用作尺寸界线,如图 9 - 1(b)所示。对于机械制图,尺寸界限直接从图样轮廓线引出,不留间隙,参见图 9 - 2(a)。

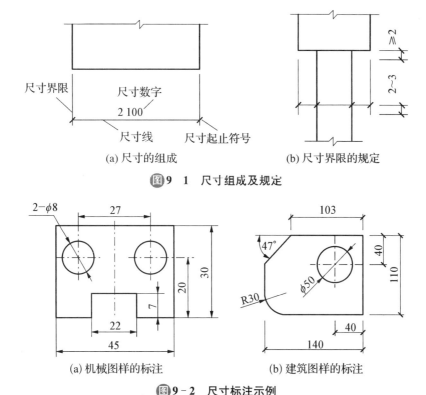

(a) 尺寸的组成　　(b) 尺寸界限的规定

图9 - 1　尺寸组成及规定

(a) 机械图样的标注　　(b) 建筑图样的标注

图9 - 2　尺寸标注示例

2. 尺寸线应用细实线绘制,应与被标注长度平行。图样本身的任何图线均不得用作尺寸线。图样轮廓线以外的尺寸线,与最外轮廓线的距离不宜小于 10 mm;平行排列的尺寸线间距为 7～10 mm,且小尺寸在内,大尺寸在外。

3. 尺寸起止符号,机械制图用箭头绘制,建筑制图一般用中粗斜短线绘制,其倾斜方向应与尺寸界线成顺时针 45°角,长宜为 2～3 mm。半径、直径、角度与弧长的尺寸起止符号,宜用箭头表示。

4. 尺寸数字

(1) 图样上的尺寸单位,除标高及总平面以米为单位外,其他以毫米为单位。

(2) 尺寸数字应离开尺寸线 1 mm 左右。

(3) 水平方向尺寸数字写在尺寸线上方,竖直方向尺寸数字位于尺寸线左侧并与尺寸线垂直书写。

(4) 角度数字一般水平书写。

机械图与建筑图的尺寸标注示例如图 9-2 所示,但给排水工程技术专业一般采用建筑图样式。

新建与设置
尺寸格式

9.2　新建尺寸样式

标注样式用于控制尺寸标注的格式和外观,在标注之前,首先应该新建尺寸标注的样式,这样在标注尺寸时选择某个样式为当前样式,就可以用这种样式进行标注,整个图样可以做到标注样式的统一。

9.2.1　标注样式管理器

新建一个尺寸标注的样式,需要打开"标注样式管理器"对话框,对尺寸元素进行设置。打开"标注样式管理器"对话框的输入方法是:

命令:DIMSTYLE

菜单:【标注】→标注样式 或 【格式】→标注样式

功能区:【默认】→【注释】→

执行该命令后,系统将弹出如图 9-3 所示的"标注样式管理器"对话框。

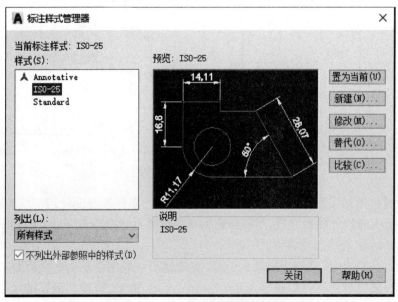

图 9-3　"标注样式管理器"对话框

对话框各项含义如下：

（1）在"样式"列表中显示了当前文件中所有标注样式的名称。默认标注样式是 ISO-25，这个样式以毫米为单位；另一种样式是 Standard，以英寸为单位。所以设置新样式通常以 ISO-25 为基础样式。

在样式列表中单击右键，可对指定样式进行"置为当前""重命名"和"删除"等操作。可通过"列出"设置显示条件。

（2）在"预览"和"说明"栏中显示指定标注样式的预览图像和说明文字。

（3）置为当前：可将指定的标注样式设置为当前样式。

（4）新建：用于创建新标注样式，单击后弹出如图 9-4（a）所示的"创建新标注样式"对话框。

在该对话框中，各项意义如下：① 新样式名称；② 基础样式：即新样式在指定样式的基础上创建；③ 用于：如果选择"所有标注"项，则创建一个与基础样式相对独立的新样式，而选择其他各项时，可对该子样式进行单独设置而不影响其他标注类型，如图 9-4（c）所示；④ 单击"继续"按钮弹出"新建标注样式"对话框，用于对新样式进行详细设置。

（5）修改：修改指定的标注样式。

（6）替代：可以在不改变原样式设置的情况下，暂时采用新的设置来控制标注样式。

（7）比较：列表显示两种样式设定的区别。

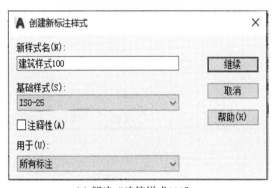

(a) 新建"建筑样式100"

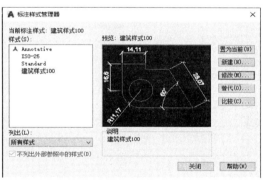

(b) 新建"建筑样式100"出现在列表中

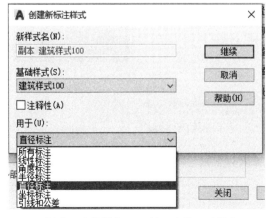

(c) 新建"建筑样式100"的"直径"子样式

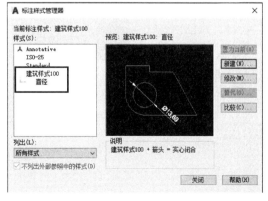

(d) 新建"直径"子样式出现在列表中

图9-4 新建尺寸样式

小提示

以某个样式为基础样式,可以新建这个样式的子样式,仅用于角度标注。该样式的其他标注类型如半径标注、直径标注等不受影响。

▐▶ 9.2.2　新建尺寸样式的设置

当用户新建一个尺寸样式"建筑样式 100"后,一般以 ISO—25 为基础样式参照,单击"继续"按钮,打开"新建标注样式"对话框,如图 9-5 所示。

在对话框中需要对尺寸标注的各尺寸元素进行设置,包括"线""符号和箭头""文字""调整""主单位""换算单位"和"公差"共七个选项卡,如图 9-5 所示。

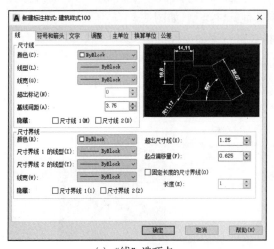

(a)"线"选项卡

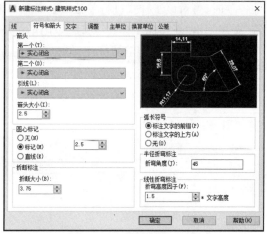

(b)"符号和箭头"选项卡

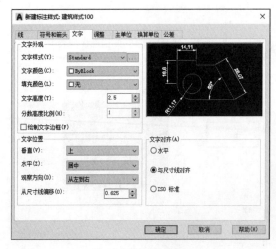

(c)"文字"选项卡

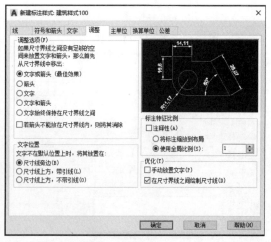

(d)"调整"选项卡

(e) "主单位"选项卡

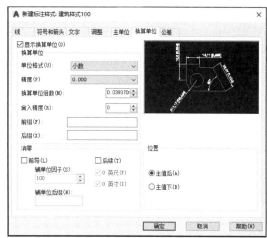
(f) "换算单位"选项卡

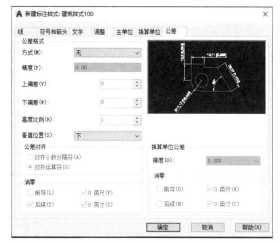
(g) "公差"选项卡

图 9-5　"新建标注样式"对话框

1. "线"选项卡

"线"选项卡如图 9-5(a)所示,可以设置尺寸线和尺寸界限。

(1) "尺寸线"区:设置尺寸线的颜色、线宽、尺寸线超出尺寸界线的大小、基线间距、是否隐藏第一、二条尺寸线。

(2) "尺寸界线"区:设置尺寸界线的颜色、线型、线宽、尺寸界线在尺寸线的上方伸出的距离、尺寸界线到定义该标注的原点的偏移距离、是否隐藏第一、二条尺寸界线、是否固定尺寸界线的长度以及设置固定后尺寸界线的长度。

2. "符号和箭头"选项卡

"符号和箭头"选项卡如图 9-5(b)所示,可以设置箭头和圆心标记等。

(1) "箭头"区:设置箭头类型、引线的箭头类型、箭头大小。点击"第一个"下拉列表,用户可以在此选择箭头标记还是建筑标记等,如图 9-6 所示。建筑图的线性标注选用建筑标记。

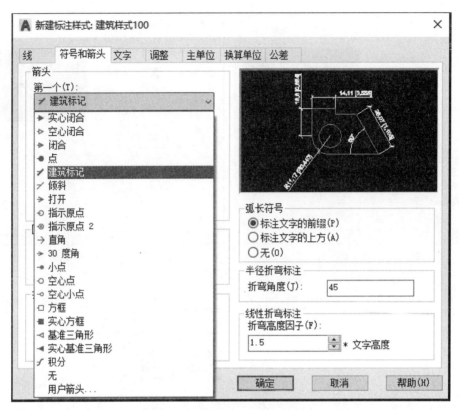

图 9 - 6　建筑图选择建筑标记

（2）"圆心标记"区：设置圆心标记类型为"无""标记"和"直线"三种情况之一，设置圆心标记或中心线的大小。

（3）"弧长符号"区：控制弧长标注中圆弧符号的显示。

（4）"半径折弯标注"区：控制折弯（Z 字型）半径标注的显示。折弯半径标注通常用于圆弧半径较大，圆心位于页面外部时创建。

3."文字"选项卡

"文字"选项卡可以设置文字的外观、位置和对齐方式等，如图 9 - 5(c)所示。

（1）"文字外观"区：设置当前标注文字样式、颜色、高度（只有在标注文字所使用的文字样式中的文字高度设为 0 时，该项设置才有效）、设定分数部分文字的高度、是否在标注文字的周围绘制一个边框。文字样式可以从下拉列表框中选择，也可以点击 ▦ 打开"文字样式"对话框新建文字样式。

（2）"文字位置"区：文字位置设置分为垂直方向、水平方向、观察方向，各方向分别设置；还可以用"从尺寸线偏移"设置文字离开尺寸线的距离。

（3）"文字对齐"区：设置文字是水平放置，还是与尺寸线对齐或符合 ISO 标准。当文字在尺寸界线内时，文字与尺寸线对齐。当文字在尺寸界线外时，文字水平排列。

4."调整"选项卡

"调整"选项卡如图 9 - 5(d)所示，可以通过"调整"设置达到最佳尺寸标注的效果。调整选项各选项含义如下。

（1）"调整选项"区：设置当尺寸界限间没有足够的空间同时放置标注文字和箭头时，应从尺寸界限之间移出的对象。

（2）"文字位置"区：设置文字不在默认位置上时，可以放置的位置。

（3）"标注特征比例"区：注释性复选框：将标注定义为可注释性对象。

将标注缩放到布局：根据当前模型空间视口和图纸空间的比例确定比例因子。

使用全局比例：设置该标注样式的全局比例，该比例不改变测量值，只是改变尺寸标注显示的大小。

> **小提示**
>
> 　　绘制建筑图时，建筑图尺寸均较大，例如楼层高度 3 000 mm，而尺寸样式中文字高度，箭头大小才 2.5～3 mm，标注尺寸时数字和建筑标记会"看不到"。这时可以调整"使用全局比例"来放大尺寸显示。一般建筑图出图时比例为 1：100，则"全局比例"的值设置为 100，这样就不需要单独调整尺寸界限、箭头大小、文字高度等细节了。

（4）"优化"区：有"手动放置文字"和"在尺寸界限之间绘制尺寸线"二个复选框可供选择。

5."主单位"选项卡

主单位有"线性标注"和"角度标注"二个选项组。

（1）"线性标注"区：

① 线性标注区：设置线性标注的格式和精度、分数的格式、小数分隔符样式、设置标注测量值的四舍五入规则（角度除外）、设置文字前缀后缀（可以输入文字或用控制代码显示特殊符号；如果指定公差，AutoCAD 也给公差添加后缀）。

② 测量单位比例：设置线性标注测量值的比例因子（角度除外）。如果选择"仅应用到布局标注"项，则仅对在布局里创建的标注应用线性比例值。

> **小提示**
>
> 　　测量单位的比例因子一般为 1，标注的尺寸是图样测量长度。如果比例因子设置为其他数值，则尺寸标注时出现的数值等于绘图时的测量长度乘以比例因子。

③ 消零：设置线性标注的前导零和后续零是否输出。

（2）"角度标注"区：

① 角度标注区：设置角度标注的格式和精度。

② 消零：设置角度的前导零和后续零是否输出。

6."换算单位"选项卡

换算单位可以改变标注的单位，一般是英制单位与公制单位的换算。

（1）显示换算单位：只有选中了该复选框，下列各项设置才有效。

（2）"换算单位"区：设置标注类型的当前单位格式（角度除外）、设置标注的小数位数、设置主单位和换算单位之间的换算系数、设置标注测量值的小数点位数、设置文字前缀后缀（可以输入文字或用控制代码显示特殊符号；如果指定了公差，AutoCAD 也给公差添加后缀）。

（3）"消零"区：设置前导零和后续零是否输出。

（4）"位置"区：设置换算单位的位置放在主单位之后还是放在主单位下面。

7."公差"选项卡

公差选项卡可以设置公差的标注格式，主要针对机械制图。

（1）"公差格式"区

各种公差格式：无、对称、极限偏差、极限尺寸、基本尺寸。

设置小数位数、设置最大公差值或上偏差值、设置最小公差值或下偏差值、设置公差文字的当前高度、控制对称公差和极限公差的文字对齐方式、设置前导零和后续零是否输出。

（2）"换算单位公差"区

设置标注的小数位数、设置前导零和后续零是否输出。

尺寸标注的类型

9.3 尺寸标注的类型

尺寸标注的基本类型有线性标注、对齐标注、半径标注、直径标注、角度标注、连续标注等，标注的下拉菜单如图 9-7 所示，注释菜单的"标注"功能区如图 9-8 所示。

图 9-8 "注释"菜单的"标注"功能区

图 9-7 "标注"下拉菜单

▶ 9.3.1 线性标注

线性标注用于标注两个点之间水平或竖直方向的距离。命令的输入方法是：

命令：DIMLINEAR

菜单：【标注】→线性

功能区：【注释】→【标注】→▯

命令执行后提示：

```
命令：_dimlinear
指定第一个尺寸界线原点或 <选择对象>：
指定第二条尺寸界线原点：
指定尺寸线位置或
[多行文字(M)/文字(T)/角度(A)/水平(H)/垂直(V)/旋转(R)]：
```

上述提示信息中的各个参数的意义是：

（1）指定第一条尺寸界线原点：指定第一条尺寸界线位置。

（2）指定第二条尺寸界线原点：指定第二条尺寸界线位置。

（3）＜选择对象＞：若直接回车，则光标变为拾取框，系统要求拾取一条直线或圆弧对象，并自动取其两端点为两条尺寸界线的起点。

（4）指定尺寸线位置：指定尺寸线的位置并确定绘制尺寸界线的方向。

（5）多行文字(M)：软件弹出多行文字编辑器，用户可以输入复杂的标注文字。系统测量的尺寸数值直接显示出来，用户可以将其删除，也可以在其前后增加其他文字。

（6）文字(T)：用户可进行单行文字的输入。

一小提示

如果尺寸标注自动生成的尺寸数值需要修改，可以输入 T（或 M）后回车，输入新的数值或编辑为文字，然后再指定尺寸线位置，则尺寸数字就显示为编辑的数值或文字，如图 9-9(b)所示，尺寸 40 的标注数值，修改为了待定。

（7）角度(A)：用户可设定文字的倾斜角度。

（8）水平(H)：软件会强制标注两点间的水平尺寸。

（9）垂直(V)：软件会强制标注两点间的垂直尺寸。

（10）旋转(R)：用户可设定一个旋转角来标注尺寸。

线性标注示例如图 9-9 所示。

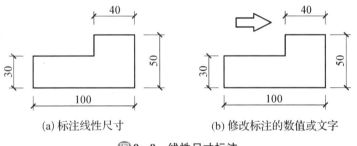

(a) 标注线性尺寸　　　　(b) 修改标注的数值或文字

图 9-9　线性尺寸标注

9.3.2　对齐标注

对齐标注用于倾斜直线的标注。命令的输入方法是：

命令：DIMALIGNED

菜单：【标注】→对齐

功能区：【注释】→【标注】→

命令执行后提示：

```
命令： dimaligned
指定第一个尺寸界线原点或 <选择对象>:
指定第二条尺寸界线原点:
指定尺寸线位置或
[多行文字(M)/文字(T)/角度(A)]:
标注文字 = 100
```

提示信息中的各个参数的意义同"线性标注"。标注示例如图 9 - 10 所示。

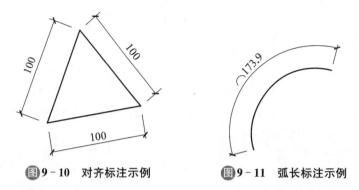

图 9 - 10　对齐标注示例　　　图 9 - 11　弧长标注示例

9.3.3　弧长标注

弧长标注用于弧线段或多段线圆弧段的长度标注。命令的输入方法是：

命令：DIMARC
菜单：【标注】→弧长
功能区：【注释】→【标注】→

命令执行后提示：

```
命令： _dimarc
选择弧线段或多段线圆弧段：
指定弧长标注位置或 [多行文字(M)/文字(T)/角度(A)/部分(P)/引线(L)]：
标注文字 = 173.9
```

指定标注位置后，可以标注出圆弧线的弧长，其他参数的意义同"线性标注"。
标注示例如图 9 - 11 所示。

9.3.4　角度标注

角度标注用于标注二个对象之间的夹角，角度尺寸的尺寸线为圆弧，尺寸起止符号为箭头，角度数字要水平书写。
命令的输入方法是：

命令：DIMANGULAR
菜单：【标注】→角度
功能区：【注释】→【标注】→

命令执行后提示：

```
命令： _dimangular
选择圆弧、圆、直线或 <指定顶点>：
指定标注弧线位置或 [多行文字(M)/文字(T)/角度(A)/象限点(Q)]：
标注文字 = 188
```

提示信息中的各参数的意义是：
（1）选择圆弧、圆、直线或指定顶点：选择需要标注角度的对象，选择角度的边或选择圆弧、圆等对象。

（2）标注弧线位置：指定尺寸线的位置并确定绘制尺寸界线的方向。

（3）多行文字(M)：软件弹出多行文字编辑器，用户可以输入复杂的标注文字。软件测量的尺寸数值由"<>"表示，用户可以将其删除，也可以在其前后增加其他文字。

（4）文字(T)：用户可进行单行文字的输入，系统测量值在"<>"中。

（5）角度(A)：用户可设定文字的倾斜角度。

角度标注示例如图 9－12 所示。

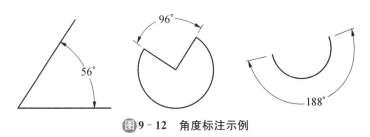

图 9－12　角度标注示例

小提示

国标规定角度数字水平书写，因此需要在建筑图的标注样式中新建角度子样式，将文字设置为水平，将尺寸起止符号设置为箭头。

半径、直径等因为尺寸起止符号均为箭头，同样需要在建筑样式中设置子样式，将起止符号由"建筑标记"改为"实心闭合"的箭头。

9.3.5　半径标注

半径标注用于标注圆或圆弧的半径，AutoCAD 会自动在测量的半径值前添加半径符号 R，半径的尺寸起止符号为箭头。命令的输入方法是：

命令：DIMRADIUS

菜单：【标注】→半径

功能区：【注释】→【标注】→

命令执行后提示：

```
命令: _dimradius
选择圆弧或圆:
标注文字 = 10
指定尺寸线位置或 [多行文字(M)/文字(T)/角度(A)]:
```

上述提示信息中的各个参数的意义是：

（1）选择圆弧或圆：选择需要进行半径尺寸标注的圆弧或圆。

（2）指定尺寸线位置：尺寸线位置可以在圆或圆弧的内部或者外部进行放置。

提示信息中的各个参数的意义同"线性标注"。

半径标注示例如图 9－13 所示。

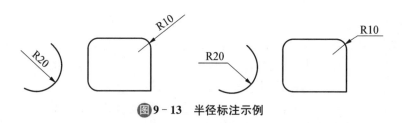

图 9 - 13　半径标注示例

▶ 9.3.6　直径标注

直径标注用于标注圆或圆弧的直径，AutoCAD 会自动在测量值前添加直径符号 ϕ。命令的输入方法是：

命令：DIMDIAMETER
菜单：【标注】→直径
功能区：【注释】→【标注】→◯

命令执行后提示：

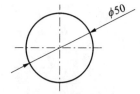

图 9 - 14　直径标注示例

```
命令：dimdiameter
选择圆弧或圆：
标注文字 = 50
指定尺寸线位置或 [多行文字(M)/文字(T)/角度(A)]：
```

上述提示信息中的各个参数的意义同"线性标注"。直径标注示例如图 9 - 14 所示。

▶ 9.3.7　折弯标注

折弯标注用于标注大尺寸的圆或圆弧的半径，AutoCAD 会自动在测量值前添加半径符号 R 并折弯标注。命令的输入方法是：

命令：DIMJOGGED
菜单：【标注】→折弯
功能区：【注释】→【标注】→◿

命令执行后提示：

图 9 - 15　折弯标注示例

```
命令：_dimjogged
选泽圆弧或圆：
指定图示中心位置：
标注文字 = 124
指定尺寸线位置或 [多行文字(M)/文字(T)/角度(A)]：
指定折弯位置：
```

上述提示信息中的各个参数的意义同"线性标注"。折弯标注示例如图 9 - 15 所示。

▶ 9.3.8　坐标标注

坐标标注主要用于测量从原点（基点）到指定点的水平或者垂直距离，即标注指定点相对于基点的 X 坐标或 Y 坐标的相对偏移量。坐标标注不带尺寸线，用折弯线标注坐标，标注前需要指定相应的标注原点。命令的输入方法是：

命令:DIMORDINATE

菜单:【标注】→坐标

功能区:【注释】→【标注】→⊞

命令执行后提示:

```
命令:  dimordinate
指定点坐标:
指定引线端点或 [X 基准(X)/Y 基准(Y)/多行文字(M)/文字(T)/角度(A)]:
标注文字 = 5829.71
```

上述提示信息中的各个参数的意义是:

(1) 引线端点:根据点与引线端点的距离可选择标注 X 坐标还是 Y 坐标。如果光标位置距离点的位置水平方向较远,就标注 X 坐标,反之则就标注 Y 坐标。

(2) X 基准(X):测量 X 坐标并确定引线和标注文字的方向。

(3) Y 基准(Y):测量 Y 坐标并确定引线和标注文字的方向。

(4) 多行文字(M):系统弹出多行文字编辑器,可编辑坐标内容。

(5) 文字(T):用户可进行单行文字的输入,可以编辑坐标内容。

(6) 角度(A):用户可设定文字的倾斜角度。

坐标标注示例如图 9-16 所示。

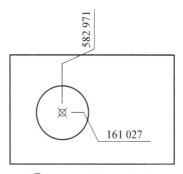

图 9-16　坐标尺寸标注

▐▶ 9.3.9　引线标注

引线是连接注释和图形对象的一条带箭头的线。引线可以从图形的任意点和对象上引出并创建引线及说明。点击"注释"选项,可以打开"引线"选项卡,如图 9-17 所示。

图 9-17　"注释"→"引线"选项卡

也可以用命令输入的方法,命令的输入方法是:

命令:MLEADER

菜单:【标注】→多重引线

功能区:【注释】→【引线】→⌁

命令执行后提示:

```
命令:  mleader
指定引线箭头的位置或 [引线基线优先(L)/内容优先(C)/选项(O)] <选项>:
指定引线基线的位置:
```

该命令可以对选定的图形对象进行引线标注,指定引线标注的箭头位置,随后指定基线位置,然后可以编辑引线注释的文字内容,如图 9-18 所示。

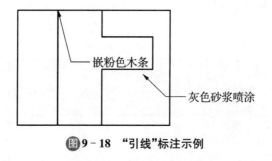

图 9-18 "引线"标注示例

用户可以点击"引线"选项卡的 按钮打开"多重引线样式管理器"新建或修改引线样式,如图 9-19 所示。

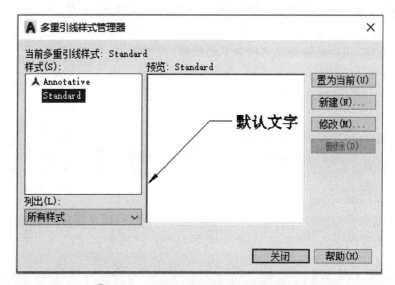

图 9-19 "多重引线样式管理器"对话框

创建引线新样式,可以点击"新建"按钮,打开"新建"对话框,如图 9-20 所示。

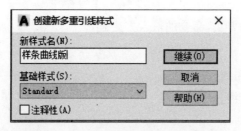

图 9-20 "创建新多重引线样式"对话框

点击"继续"按钮,打开"修改多重引线"对话框,对新建的"样条曲线版"引线样式进行设置,有"引线格式""引线结构"和"内容"三个选项卡,如图 9-21 所示。

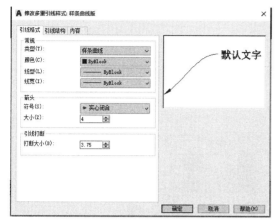

(a) 引线格式选项卡

(b) 引线结构选项卡

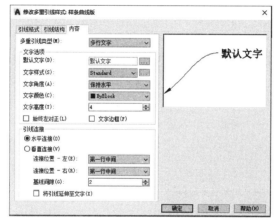

(c) 内容选项卡

图 9-21 修改多重引线对话框中各选项卡内容

在"引线格式"选项卡中,可以修改引线的形式,有"直线""样条曲线""无"三个选项。引线的颜色、线型、线宽也可以进行修改,一般都是"ByBlock",不需要修改。引线箭头形状和大小也可以修改,箭头的形状可以从下拉列表中选择。

在"引线结构"选项卡中可以修改最大引线点数、基线设置、比例等。

在"内容"选项卡可以对多重引线类型、文字选项、引线连接进行设置。

9.3.10 形位公差标注

形位公差标注主要用于机械零件的标注。

机械零件在加工过程中会有尺寸公差,因而构成零件几何特征的点、线、面的实际形状或相互位置与理想几何体规定的形状和相互位置就存在差异,这种形状上的差异就是形状公差,而相互位置的差异就是位置公差,这些差异统称为形位公差。形位公差是一个范围,零件加工在允许的公差范围内才是合格的产品。

命令的输入方法是:

命令:**TOLERANCE**

菜单:【标注】→公差

功能区:【注释】→【标注】→⊞

命令执行后,系统将弹出如图 9-22 所示的"形位公差"对话框。

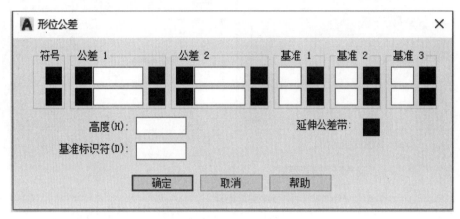

图 9-22　形位公差对话框

单击"符号"列中的■框,将打开"特征符号"对话框,里面有同轴度、垂直度、端面圆跳动等特征符号,可以为第一个或第二个公差选择公差符号类型,如图 9-23 所示。

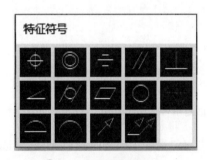

图 9-23　公差特征符号

图 9-24　附加符号

单击"公差 1"列前面的■框,这时将弹出一个直径符号。

在"公差 1"列中间的编辑框中输入第一个公差值。

单击"公差 1"列后面的■框,这时打开"附加符号"对话框,可以为第一个公差选择符号,如图 9-24 所示。

在"高度"编辑框中,可以输入投影公差带的值。投影公差带控制固定垂直部分延伸区的高度变化,并以位置公差控制公差精度。

单击"延伸公差带"后面的■框,可在延伸公差带的后面插入延伸公差带符号。

在"基准标识符"编辑框中,创建由参照字母组成的基准标识符号。

形位公差标注示例如图 9-25 所示。

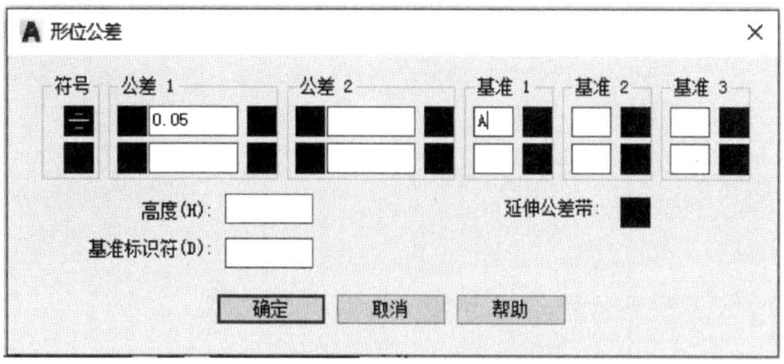

(a) 填入垂直度公差符号、数值和基准

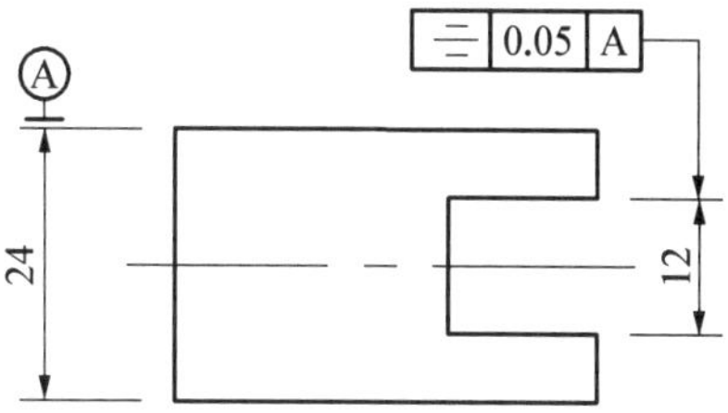

(b) 垂直度公差标注

图9－25　公差标注示例

9.4　快速标注

当图形中需要标注多个平行的尺寸或者连续的尺寸时，可以使用基线标注、连续标注、快速标注等工具快速完成尺寸标注。

9.4.1　基线标注

先完成一个尺寸标注，然后以该尺寸作为基准，完成一系列平行尺寸的标注。命令的输入方法是：

基线标注

命令：DIMBASELINE

菜单：【标注】→基线

功能区：【注释】→【标注】→

一般要先标注一个尺寸，然后再执行基线标注命令，先标注的尺寸作基线标注的基准。否则，命令行将跳过该提示，并在当前任务中使用上一次创建的标注对象。

```
命令: _dimbaseline
指定第二个尺寸界线原点或 [选择(S)/放弃(U)] <选择>:
标注文字 = 70
指定第二个尺寸界线原点或 [选择(S)/放弃(U)] <选择>:
标注文字 = 100
指定第二个尺寸界线原点或 [选择(S)/放弃(U)] <选择>:
```

上述提示信息中的各个参数的意义是：

(1) 放弃(U)：放弃在命令任务期间上一个输入的基线标注。

(2) 选择(S)：命令行提示用户选择一个线性标注、角度标注或坐标标注，以用作基线标注的基准。

基线标注如图 9－26 所示，尺寸 30、70、100 三道尺寸线属于基线标注，三道尺寸线间的间距，在“标注样式管理器”对话框中“线”选项卡的“基线间距”调整，如图 9－27 所示。

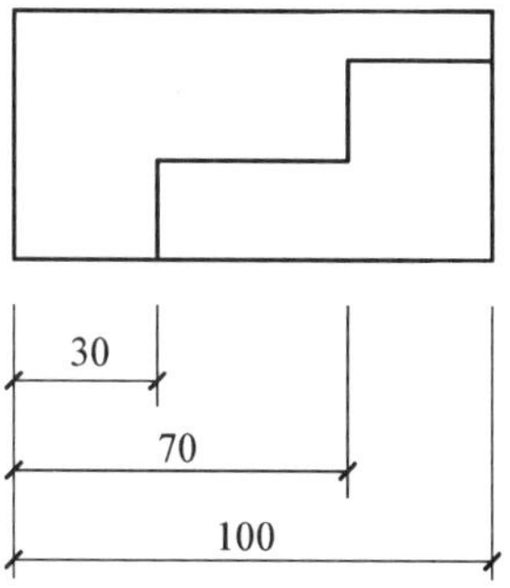

图9－26　基线标注示例

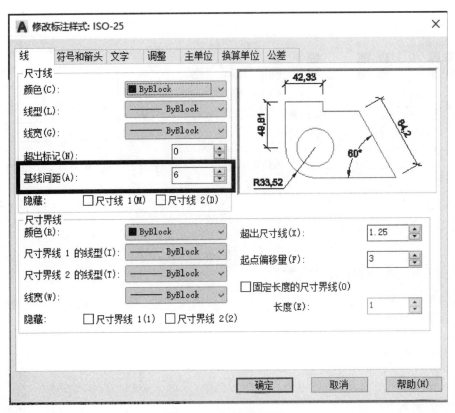

图 9-27　调整基线间距

▶ 9.4.2　连续标注

先完成一个尺寸标注,然后以该尺寸作为第一个尺寸,连续标注多个首尾相连的尺寸,相邻两个尺寸共用一个尺寸界线。命令的输入方法是:

连续标注

命令:DIMCONTINUE

菜单:【标注】→连续

功能区:【注释】→【标注】→

一般要先标注一个尺寸,然后再执行连续标注命令,先标注的那个尺寸作为连续标注的第一个尺寸。否则,命令行将跳过该提示,并在当前任务中使用上一次创建的标注对象。

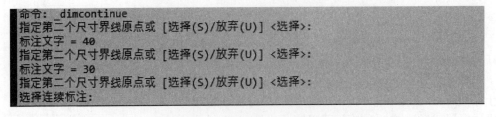

上述提示信息中的各个参数的意义同基线标注。连续标注示例如图 9-28 所示。

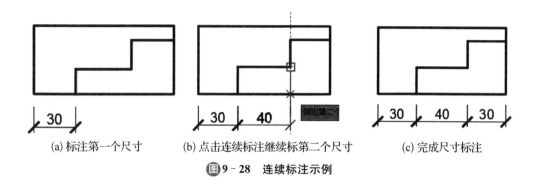

(a) 标注第一个尺寸   (b) 点击连续标注继续标第二个尺寸   (c) 完成尺寸标注

图9－28　连续标注示例

9.4.3　快速标注

快速标注

一次选择多个对象,系统将自动查找所选对象的端点或圆心,并根据端点或圆心位置快速创建标注尺寸。命令的输入方法是:

命令:QDIM

菜单:【标注】→快速标注

功能区:【注释】→【标注】→

命令执行后提示:

```
命令: qdim
关联标注优先级 = 端点
选择要标注的几何图形: 指定对角点: 找到 13 个
选择要标注的几何图形:
指定尺寸线位置或 [连续(C)/并列(S)/基线(B)/坐标(O)/半径(R)/直径(D)/基准点(P)/编辑(E)/设置(T)] <连续>:
```

提示信息中的各个参数的意义说明如下:

(1) 选择要标注的几何图形:选择对象用于快速尺寸标注。如果选择的对象不单一,在标注某种尺寸时,将忽略不可标注的对象。例如同时选择了横向和竖向的直线,标注尺寸时,自动忽略不能标注的方向的直线。

(2) 指定尺寸线位置:定义尺寸线的显示位置。

(3) 连续(C):采用连续方式标注所选图形。

(4) 并列(S):采用并列方式标注所选图形。

(5) 基线(B):采用基线方式标注所选图形。

(6) 坐标(O):采用坐标方式标注所选图形。

(7) 半径(R):对所选圆或圆弧标注半径。

(8) 直径(D):对所选圆或圆弧标注直径。

(9) 基准点(P):设定坐标标注或基线标注的基准点。

(10) 编辑(E):对标注点进行编辑,出现以下提示:指定要删除的标注点——删除标注点,否则由系统自动设定标注点。添加(A)——添加标注点,否则由系统自动设定标注点。退出(X)——退出编辑提示,返回上一级提示。

(11) 设置(T):对关联标注优先级的类型进行设置,出现以下提示:端点(E):指定关联标注优先级为端点模式。交点(I):指定关联标注优先级为交点模式。

快速标注示例如图 9-29 所示。

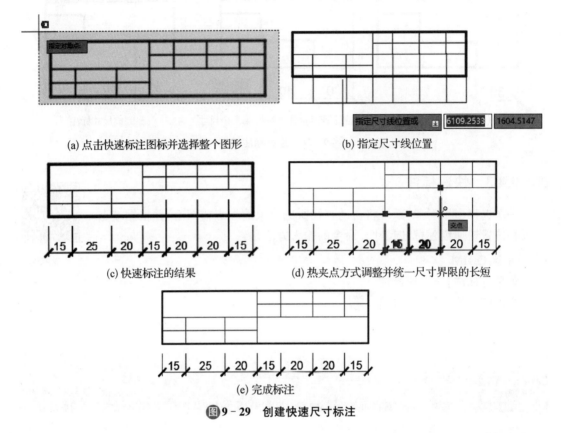

(a) 点击快速标注图标并选择整个图形　　　(b) 指定尺寸线位置

(c) 快速标注的结果　　　(d) 热夹点方式调整并统一尺寸界限的长短

(e) 完成标注

图 9-29　创建快速尺寸标注

9.5　尺寸标注的修改与替代

尺寸标注的
修改替代与编辑

创建尺寸标注后如需修改,可以删除尺寸标注后重新标注,也可以通过编辑尺寸标注来调整。编辑尺寸标注包括修改尺寸标注的样式、修改文字的内容、位置、更新标注和关联标注等。

▶ 9.5.1　修改尺寸标注样式

创建大量的尺寸标注后如需统一修改,例如统一修改文字的高度、起止符号的形式等等,可以通过修改尺寸样式快速修改。命令的输入方法与新建标注样式相同:

命令:DIMSTYLE
菜单:【标注】→标注样式 或【格式】→标注样式
功能区:【默认】→【注释】→

执行该命令后,打开图 9-30 的"标注样式管理器"对话框,单击"修改"按钮,进入与"新建"一样的对话框,可以修改尺寸标注的所有元素,修改后,图形中所有这种标注样式的尺寸标注,全部自动修改为当前的修改后的样式,这种方法可以对用某一种样式标注的尺寸全部修改，一次完成，方便快捷。

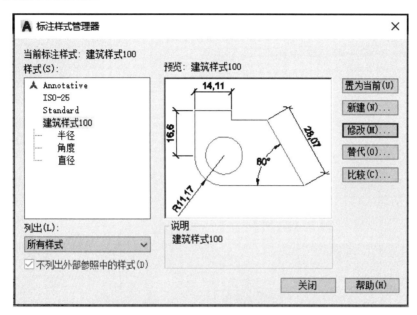

图 9 - 30　"修改"标注样式

⏩ 9.5.2　替代尺寸标注样式

替代尺寸标注的输入方法与新建或修改标注样式相同，打开图 9 - 30 所示的对话框后点击"替代"进入与"修改尺寸样式"类似的过程，替代样式出现在子样式中，如图 9 - 31 所示，可以用样式替代标注一些新的尺寸，替代和某一尺寸对象有关的尺寸系统变量设置，但不影响当前尺寸类型。用替代样式标注的尺寸，也可以点击标注中的图标 删除，然后点击清除，就恢复为原有样式。

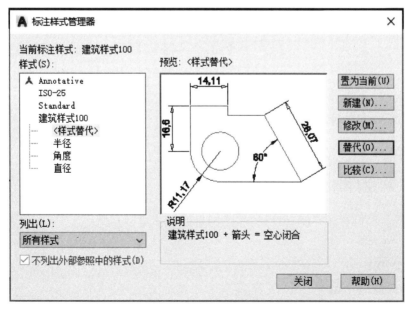

图 9 - 31　"替代"标注样式

9.5.3　调整尺寸数字的位置

对已经标注的尺寸文字位置进行调整,可以选择该尺寸,光标选中文字的夹点,成为热夹点,就会出现如图9-32所示的调整文字位置的菜单,可以对文字进行位置调整。

9.5.4　编辑尺寸数字内容

对已经标注的尺寸文字内容进行编辑,可以选择该尺寸,在尺寸标注的文字位置附近双击鼠标,就可以在功能区打开文字编辑的选项卡。如图9-33所示,可以对文字内容进行编辑。

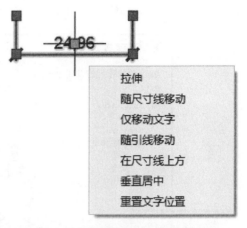

图9-32　调整标注的文字的位置

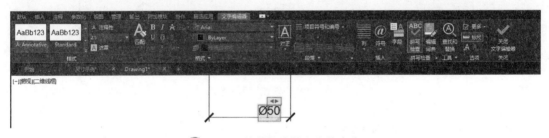

图9-33　编辑标注的文字的内容

9.5.5　编辑标注的图标应用

在【注释】菜单的"标注"功能区中,还有一些图标，其功能分别为倾斜、文字角度、左对正、居中对正、右对正。

选中尺寸标注,然后点击各图标进行编辑,各选项操作结果如图9-34所示。

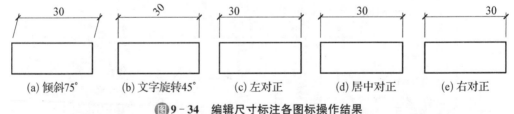

(a) 倾斜75°　　(b) 文字旋转45°　　(c) 左对正　　(d) 居中对正　　(e) 右对正

图9-34　编辑尺寸标注各图标操作结果

9.5.6　标注打断

为了取得更好的标注效果,可以将交叉的尺寸标注打断其中一个,让标注更清晰美观,命令的输入方法是:

命令:DIMBREAK

功能区:【标注】→

执行该命令后提示:

```
命令: DIMBREAK
选择要添加/删除折断的标注或 [多个(M)]:
选择要折断标注的对象或 [自动(A)/手动(M)/删除(R)] <自动>:
选择要折断标注的对象:
1 个对象已修改
```

该命令选择需要打断的标注,该标注就断开,如图 9-35 所示。

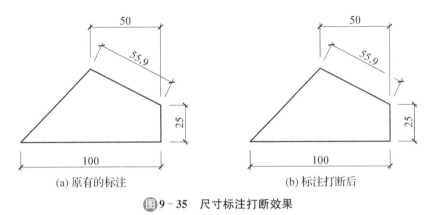

(a) 原有的标注　　　　　　　　　　(b) 标注打断后

图9-35　尺寸标注打断效果

9.5.7　调整标注间距

当用户标注一些平行尺寸线时,平行尺寸间距可能不等,标注不够美观,可以用调整间距命令,调整到尺寸线间距一致。命令的输入方法是:

命令:DIMSPACE

功能区:【标注】→▣

执行该命令后提示:

调整标注间距,可以自动调整,也可以输入间距数值,调整后平

```
命令: _DIMSPACE
选择基准标注:
未选择对象。
选择基准标注:
选择要产生间距的标注:找到 1 个
选择要产生间距的标注:找到 1 个, 总计 2 个
选择要产生间距的标注:找到 1 个, 总计 3 个
选择要产生间距的标注:
输入值或 [自动(A)] <自动>: A
```

行尺寸线的间距变成等距,效果如图 9-36 所示。

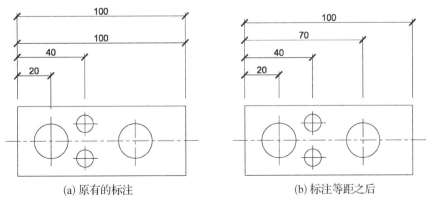

(a) 原有的标注　　　　　　　　　　(b) 标注等距之后

图9-36　"等距标注"调整效果

9.5.8 线性折弯标注

折弯线性命令用于在线性标注或对齐标注上添加或者删除折弯线。折弯线指所标对象较长,折断后绘制,标注的尺寸是物体的实际尺寸,而不是图形中的测量距离。命令的输入方法是:

命令:DIMJOGLINE

功能区:【标注】→ ⚡

执行该命令后提示:

```
命令: DIMJOGLINE
选择要添加折弯的标注或 [删除(R)]:
指定折弯位置 (或按 ENTER 键):
```

选择折弯标注的对象和折弯点,点击需要修改的尺寸标注后就会出现折弯,如图 9-37 所示。

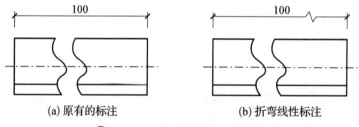

(a) 原有的标注　　　　　　(b) 折弯线性标注

图 9-37　"折弯线性标注"的效果

9.5.9 尺寸关联性

尺寸的关联性是指尺寸数字值与标注的图形对象之间是关联的,当图形放大或者缩小时,尺寸数值随之改变。

系统默认尺寸与图形对象是关联的,如果想取消关联,可以在命令行输入"DDA"并回车,选择解除关联的尺寸对象,然后确认就可以解除关联。如图 9-38 所示,当把矩形拉伸之后,尺寸标注随之变化。

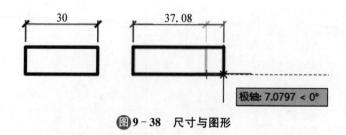

图 9-38　尺寸与图形

思考与练习

9-1 习题图9-1所示的图形,中心椭圆长轴40,短轴为20,绘制图形并标注。

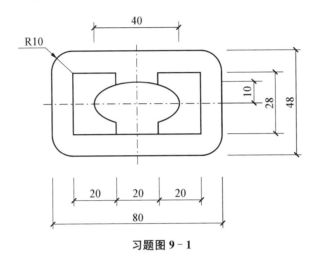

习题图 9-1

9-2 绘制习题图9-2所示的图形,并进行标注。

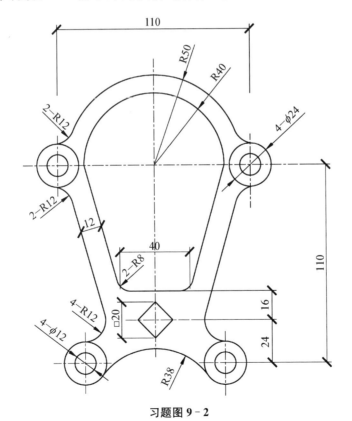

习题图 9-2

9-3 绘制习题图 9-3 所示的图形,并进行标注。

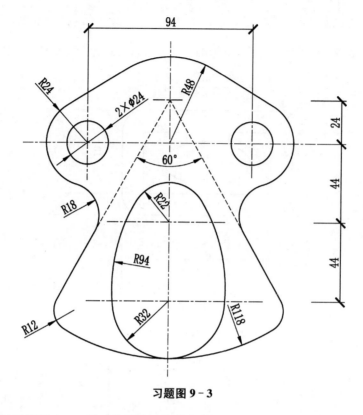

习题图 9-3

9-4 绘制习题图 9-4 所示的图形,并进行标注。

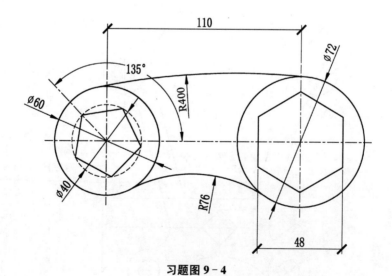

习题图 9-4

9-5 绘制习题图9-5所示的图形,并进行标注。

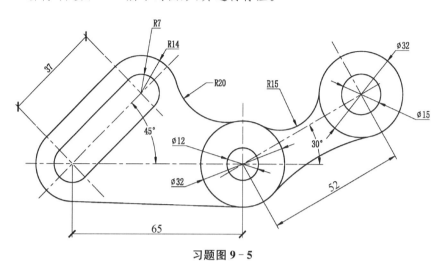

习题图 9-5

9-6 绘制习题图9-6所示的图形,并进行标注。

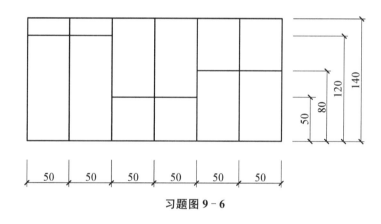

习题图 9-6

扫码查看

本章作业提示

第十章
图形的打印与输出

【能力目标】

1. 能在模型空间打印图纸。

2. 能在图纸空间根据需要设置视口并调整图形及比例。

3. 能在图纸空间打印图纸。

【知识目标】

1. 了解模型空间和图纸空间的区别与用途。

2. 掌握图纸空间视口的概念及设置方法。

3. 掌握模型空间的图纸打印方法。

4. 掌握图纸空间的图纸打印方法。

AutoCAD 为用户提供了两种绘图空间:模型空间和图纸空间(布局空间),通常绘图工作都是在模型空间中进行。打印图纸可以在二种空间打印,模型空间打印时的图样均绘制了图幅图框,打印直观方便;布局空间打印可以套用图幅图框打印图样的不同位置,提高工作效率。

10.1 模型空间

模型空间主要是绘图时使用的空间。

模型空间中的模型是指用绘图和编辑命令生成的图形对象,而模型空间是指建立模型时所处的 AutoCAD 工作环境。在该空间里,用户可以进行一系列的操作。如根据物体的实际尺寸绘制、编辑二维或三维图形,还可以对图形对象进行全方位的显示。

绘图时系统处于模型空间,表现为绘图窗口下面的"模型"选项卡处于激活状态,如图 10-1 所示。

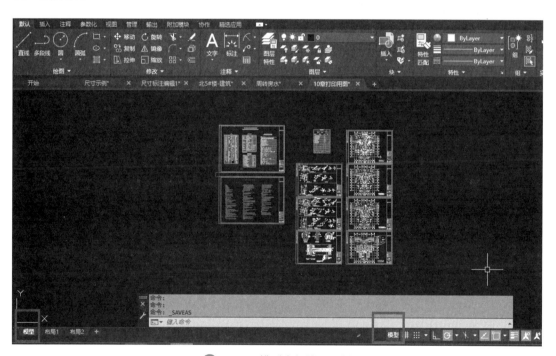

图 10-1 模型空间绘制图样

10.2 模型空间打印图纸

模型空间打印图纸直观方便,命令的输入方法是:

命令:PLOT

模型空间打印图纸

菜单:【文件】→打印

图标栏: 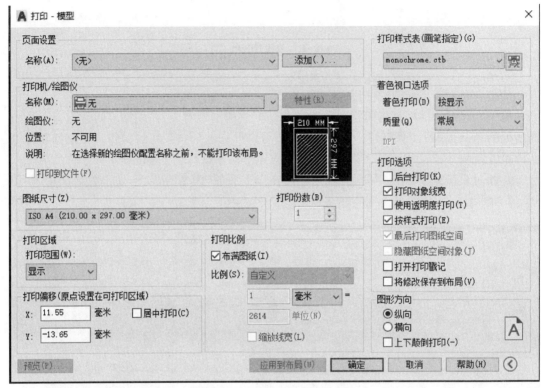→下拉菜单→打印

执行该命令后,系统将弹出如图 10-2 所示的"打印—模型"对话框。

图 10-2 "打印—模型"对话框

▶ 10.2.1 配置打印设备

在打印图纸之前,首先需要配置打印设备,不同的打印设备,对应有不同的图纸幅面,因此只有选择了打印设备,才能选择其对应的图纸尺寸。打印设备有普通的打印机,也可以配置绘图仪,虚拟打印机等。本书以虚拟打印机为例,如图 10-3 所示,选择虚拟的 DWG To PDF. pc3 打印机,这样不打印出纸质图纸但可以存储并输出 PDF 的图纸。

▶ 10.2.2 选择图纸尺寸

因为建筑图按 1∶1 绘制,而 A2 图幅为 594×420 mm。如果想把图放入 A2 图幅中,有二个办法,一是将图形缩小 1/100,放入 A2 图幅中,这样图形缩小,图形的标注尺寸也会关联缩小,不容易调整,容易造成尺寸标注的混乱。第二种办法是将图幅放大 100 倍,图幅的尺寸变为 59 400×42 000,将建筑图放入图幅内。一般采用第二种办法。图 10-4 就是选择了第二种办法。

如图 10-5 所示,打印选择图纸时,在"图纸尺寸"下拉列表中选择图纸幅面 ISO full bleed A2 图纸,尺寸 594×420 mm,图样打印在图纸上,相当于图形比例为 1∶100。

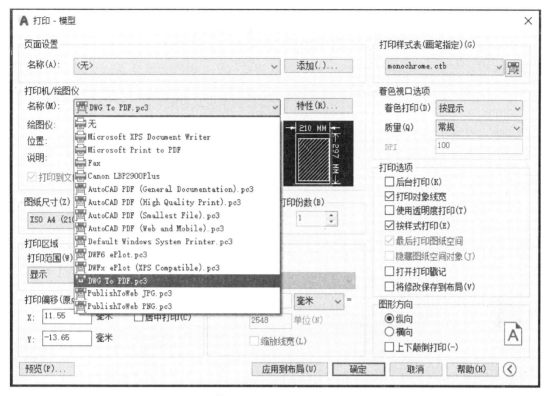

图 10-3 选择打印设备

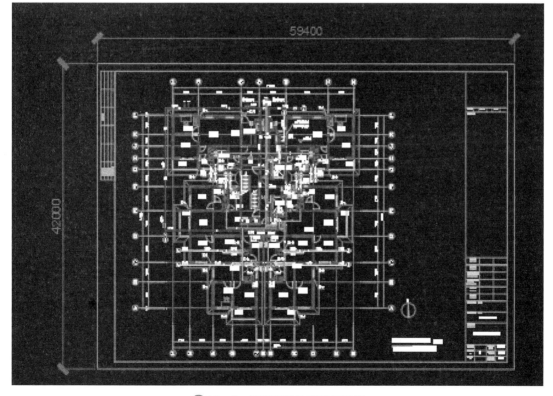

图 10-4 模型空间的图形与图幅

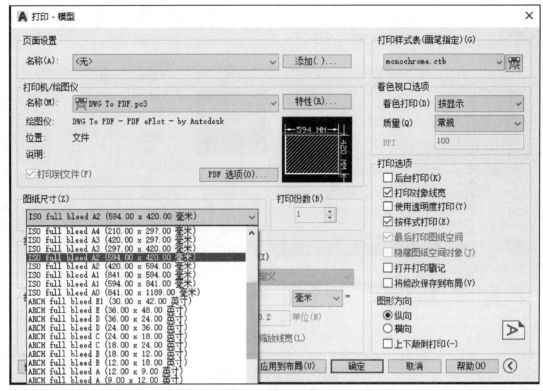

图 10-5　选择图纸幅面

▌▶ 10.2.3　设置打印区域

"打印区域"选项组可以设置打印的图形范围,如图 10-6 所示,方式有窗口、范围、图形界限和显示。一般选用窗口方式,再点击 <u>窗口(0)<</u> 按钮回到绘图区,选择需要打印的图形范围。

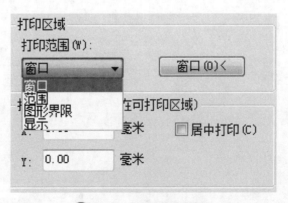

图 10-6　"打印区域"选项

在本例中,打印范围窗口选择图 10-7 中图幅的对角线顶点。

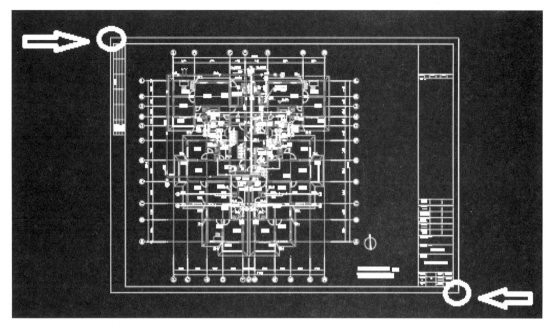

图10-7 "打印区域"窗口选项——在屏幕中选择图幅对角线上二顶点

10.2.4 设置打印比例

"打印比例"选项组可以设置打印图形的出图比例,如图10-8所示。其中"布满图纸"复选框仅适用于"模型空间"中的打印比例设置,当勾选该复选框,AutoCAD将自动缩放调整图形,使打印区域和图纸相匹配。不勾选"布满图纸"可以自行设置比例。

图10-8 "打印比例"选项

10.2.5 调整打印样式表

"打印样式表"选项组可以设置打印的图形在图纸上的颜色,如图10-9所示。因为绘图时各图层都设置了颜色,打印图纸时,各种颜色容易导致图样深浅不一,可以在打印样式表中选择"monochrome.ctb"单色打印,也可以点击 图标,打开打印样式表编辑器,从中选择颜色,如图10-10所示。

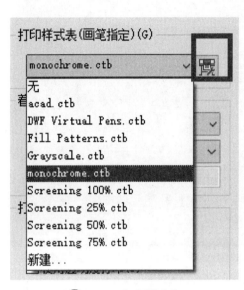

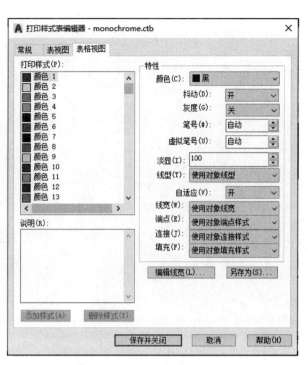

图 10 - 9 打印样式表   图 10 - 10 打印样式表编辑器

▌▶ 10.2.6 调整出图方向

"图形方向"选项组可以设置打印的图形在图纸上的方向,如图 10 - 11 所示。字母 A 在图纸中的方向代表了图形和图纸的位置,有"横向""纵向"和"上下颠倒打印"方式。

"打印偏移"选项组可以设置打印的图形在图纸上的位置,如图 10 - 12 所示。默认状态下从图纸的左下角打印图形。打印原点处在图纸的左下角,坐标为(0,0),用户可以自行设置新的打印原点;也可以在图纸中居中打印,AutoCAD 将自动计算 X 和 Y 的偏移值,将打印图形置于图纸正中间。

图 10 - 11 "图形方向"选项

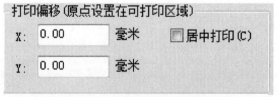

图 10 - 12 "打印偏移"选项

▌▶ 10.2.7 打印预览与打印

设置好打印机、图纸尺寸、出图方向、比例、打印偏移、打印样式表等,如图 10 - 13 所示。点击左下的"预览"按钮,可以提前预览图形的打印效果,如图 10 - 14 所示。在显示预览效果的界面击右键,会出现右键快捷菜单,在菜单中点击"打印",就可以打印图纸了。

"打印"也可以直接在打印对话框中点击"确定"按钮,可以直接打印图纸。

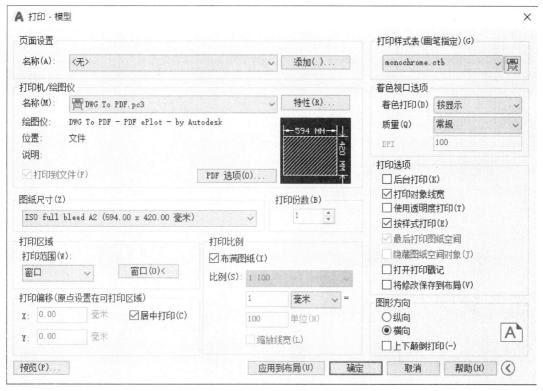

图10-13　打印设置

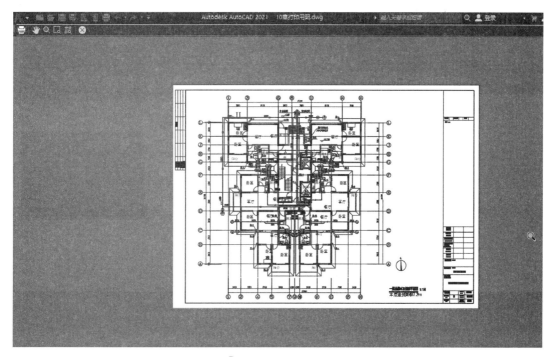

图10-14　打印预览

10.2.8 生成 PDF 图纸

选择虚拟的 DWG To PDF. pc3 打印机打印图纸时,点击"打印",会出现一个存盘的对话框,可以将图形存储为 PDF 格式的图纸,如图 10 - 15 所示。

图 10 - 15　存储 PDF 格式的图纸

如果继续打印或存盘其他图纸,可以在图 10 - 13 对话框中的页面设置→"名称"下拉列表框中,选择"上一次打印",就可以不用再设置图纸大小、打印样式等内容,只用"窗口"选择不同的打印区域就可以打印其他图纸了。

10.3　图纸空间

图纸空间

10.3.1 图纸空间的概念

图纸空间也称为布局空间,主要用于打印图纸。

图纸空间可以设置和管理图形输出的布局环境,在图纸空间中,可以把模型对象不同方位的视图按一定比例显示出来,也可以定义图纸的大小、插入图纸的图幅、图框和标题栏等。

模型空间与图纸空间的切换,可以通过单击绘图区左下角的"模型"和"布局"选项卡,或通过状态栏中的"模型/图纸"按钮来进行,使用布局空间时绘图窗口下面的"布局"选项卡处于激活状态。

AutoCAD 启动后,系统为用户设置了两个默认"布局"选项卡。用户也可以自己创建、复制、删除布局,方法是在"布局"选项卡上单击鼠标右键,从激活的快捷菜单中来进行操作。如图 10-16 所示。每个"布局"选项卡提供一个图纸空间绘图环境,用户可在其中创建布局视口或指定打印的页面设置等操作。

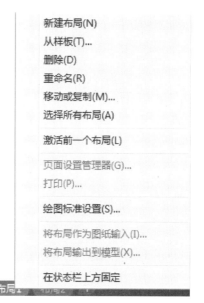

图 10-16 "布局"右键快捷菜单

▶ 10.3.2 新建布局

打开"插入"下拉菜单点击"布局"→"创建布局向导",如图 10-17 所示,可以新建布局。本例中新建一个 A2 图幅的布局。具体创建步骤如下:

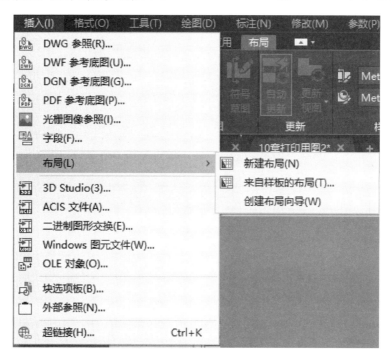

图 10-17 "创建布局向导"创建新布局

(1) 创建新布局名称 A2,如图 10-18(a)所示,然后点击下一步;

(2) 选择打印机,可选择模拟打印机 DWF6 ePlot.pc3,如图 10-18(b)所示,然后点击下一步;

(3) 选择图纸尺寸,A2 图纸是 594×420 mm,所以选择 A2 图幅的图纸即可。如图 10-18(c)所示,然后点击下一步;

(4) 选择图纸使用方向。如图 10-18(d)所示,然后点击下一步;

(5) 选择标题栏。因为标题栏格式,用户一般习惯用公司设计的样式,所以此处选择

"无",如图 10-18(e)所示,然后点击下一步;

(6) 选择视口数量,可以选择"单个"。后续如果需要多视口,可以用"布局"→"创建视口"方式再添加。如图 10-18(f)所示,然后点击下一步;

(7) 指定布局的具体位置,如图 10-18(g)所示。点击 选择位置(L)< 按钮,打开布局窗口,在布局区域绘制一个视口框(视口框大小随意,因为后面还要删除此视口),则图形全部显示在视口内,完成了 A2 布局的创建,A2 布局显示在左下角的状态栏处 模型 布局1 布局2 **A2** + ,如图 10-18(h)所示。

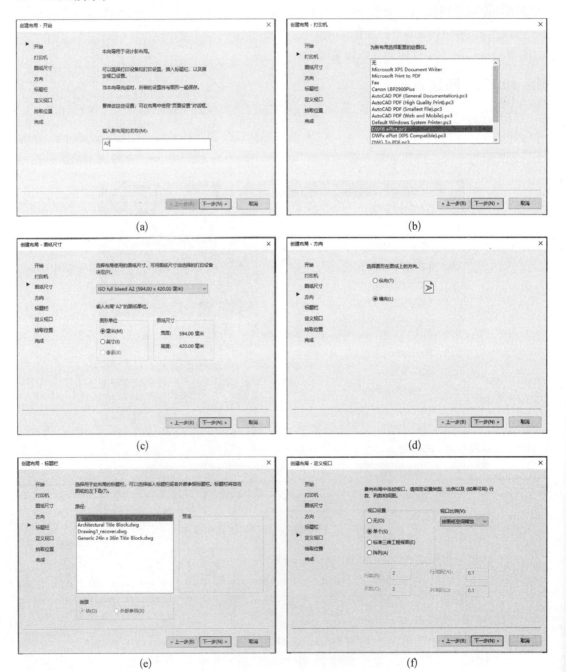

(a)   (b)

(c)   (d)

(e)   (f)

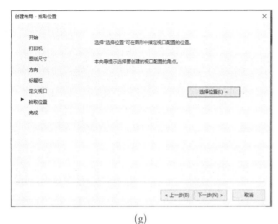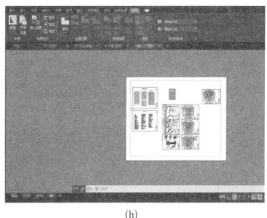

(g)　　　　　　　　　　　　　　(h)

图 10‑18　创建布局 A2 的步骤

10.3.3　新建视口

在布局空间中创建的视口叫布局视口。布局视口用来控制图形在图纸中的位置,每个视口里可以显示不同的图形,选择不同的比例。

在布局中创建视口,可以点击状态栏切换到"布局"状态,此时在下拉菜单处会出现"布局"选项卡,如图 10‑19 所示。在选项卡中可以新建布局和新建视口等。本节以系统自带的布局 1 为例介绍。

鼠标左键选择图 10‑19 中布局 1 自带的矩形视口,点击删除,则视口连同里面的图形就全部删除了,然后点击"布局视口"→"矩形",可以在布局中创建矩形视口,点击"矩形"旁的三角符号 ，还可以创建"多边形"视口,如图 10‑20 所示,创建了三个视口:一个矩形视口、一个三角形视口、一个多边形视口。

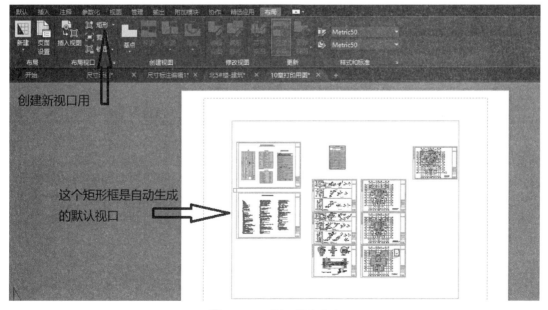

图 10‑19　"布局"选项卡

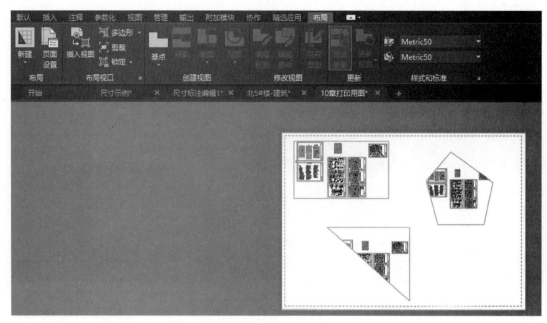

图 10-20　新建三个视口

　　布局的白色边界是图纸边界,虚线为打印边界。视口就是图形在图纸中所占的位置区域。

　　双击视口的外侧可以选择视口框,调整视口的位置。

　　双击视口内侧,视口框粗线显示,可以调整视口内的图形大小、位置及比例等。

　　图 10-21 为打印输出的预览,可以直观看到视口与图纸的关系,视口位置就是图形在图纸中的位置。

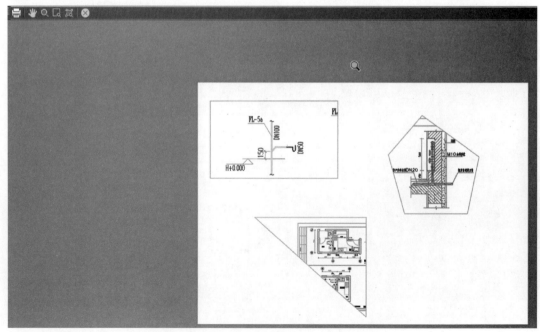

图 10-21　打印预览时三个视口在图纸中的位置

小提示

1. 布局一般不需要新建,如果用户需要更直观地定义每个布局或需要更多布局,才需要更改布局名称或新建布局,就像 excel 表格,同一文件下有 sheet 1、sheet 2 等,需要的时候再去更改 sheet 1、sheet 2 名称或新建 sheet 就可以了,布局的名称和新建布局也是这个道理。

2. 视口是控制打印内容和比例的,可以随时删除和创建。

10.4　图纸(布局)空间打印图纸

图纸(布局)空间打印

图纸(布局)空间主要用于出图。在模型空间绘制好的图形,除了可以在模型空间打印,也可以在布局空间打印。使用布局空间可以设置打印设备、纸张、比例和图样布局并预览布局效果。

下面将以图 10-1 的建筑图为例,说明布局空间打印图纸的步骤。

切换模型空间至"布局 1"布局空间,如图 10-22 所示。可以看到在"布局 1"中的"视口"里可以显示出所有的图形,因为"视口"及布局 1 并不是用户需要的图纸大小,因此,用户需要自己创建视口。

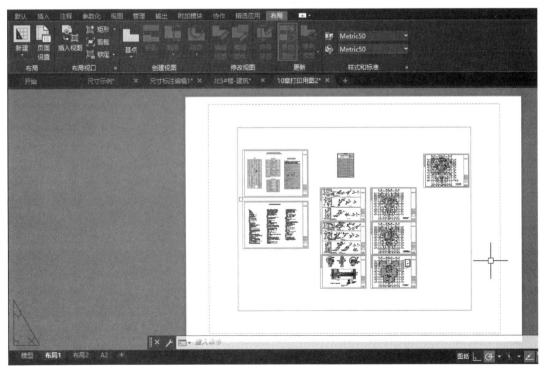

图 10-22　"布局 1"布局空间

▐▶ 10.4.1　删除布局中的"视口"

选中布局1的视口,会有蓝色夹点显示,点击<delete>键删除,注意是选择"视口"的矩形框删除,就可以删除矩形框和图形了,但是在"模型空间"的图形不受影响。删除视口后的布局1只剩一个虚线框表示打印边界,其余一片空白,如图 10–23 所示。

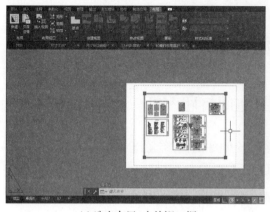

(a) 选中布局1中的视口框　　　　　　　　　　　　(b) 布局1中的视口框删除后

图 10–23　删除布局中的视口

▐▶ 10.4.2　插入图幅、图框和标题栏

1. 创建图幅块

在模型空间绘制 A2 图幅、图框和标题栏,如图 10–24 所示,删除尺寸标注,将图形创建为块,块名称"图幅 2",可以把标题栏中需要更改的签名、图名等设置为块的属性(参见"属性块"一节)。

2. 在布局插入"图幅块"

打开布局1,插入块"图幅 2",在插入块时,比例取值1。插入的块可以在布局白色范围内,也可以在布局的灰色区域,可以重复插入块,如图 10–25 所示。

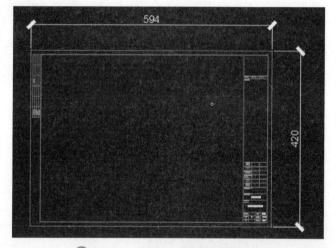

图 10–24　绘制 A2 图幅并创建为块

对插入的块可以进行删除,移动,复制等操作,与模型空间的操作相同。

▐▶ 10.4.3　创建视口

1. 点击"新建图层",建立一个"视口"图层,然后置为当前图层。

2. 点击"布局"→"布局视口"→"矩形",在布局中新建矩形"视口",选择插入的块"图幅2"图框左上角点为视口第一个点,选取标题栏下方与图框的交点为矩形第二角点,创建为视口。视口创建完成,模型空间所有的图形都显示在当前的视口中,如图 10-26 所示。

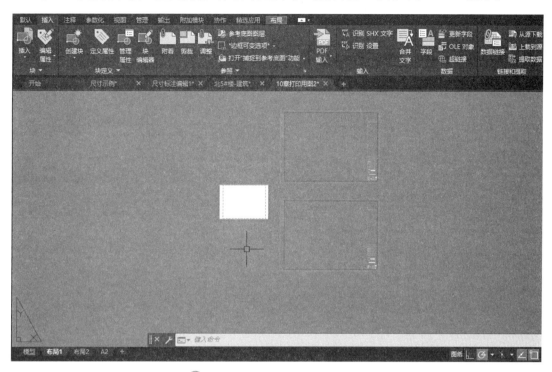

图 10-25 插入图幅块后的布局 1

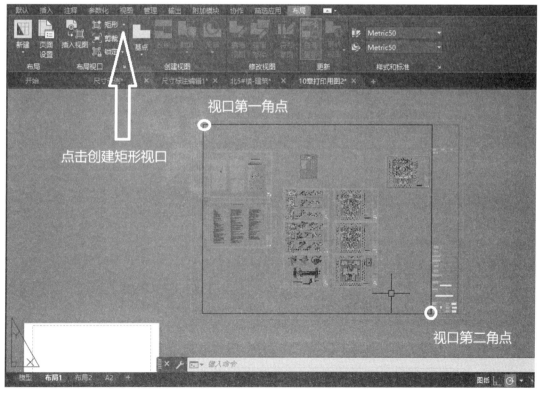

图 10-26 新建"视口"并在视口内显示所有图形

一小提示

鼠标双击视口内部,视口矩形框显示为粗实线,这时可以对视口内的图形进行编辑,缩放、平移、复制、移动等。鼠标双击视口外部,视口矩形框变为细实线,这时可以对视口框进行选择,可对视口框进行移动,删除、剪切等。

10.4.4 调整视口内的图形内容和比例

1.调整视口图形内容

双击视口框内部,视口框线显示为粗实线,对视口框内的图形通过放大或缩小、平移等操作,将需要打印的部分显示到视口框内,如图 10-27 所示。

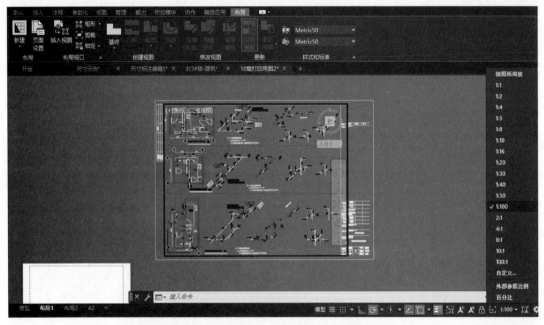

图 10-27 "视口"中显示需要打印的图形

2.调整图形比例

在视口框粗实线显示状态下,状态栏发生变化,出现 [图标] 可以选定"视口的比例",点击 [图标],显示全部的比例,如 10-27 图中右侧所示。

选择合适的出图比例,这套建筑图的比例是 1∶100,点击 1∶100 后,视口框内的图形自动缩放为 1∶100 的比例,会出现瞬间的图形缩放变化,可以重新调整图形在视口中的位置,注意一下状态栏的比例值有没有发生变化,因为操作过程中很可能因为鼠标滚轮的误碰误操作,改变了视口内的比例,如果比例改变了,可以再次点击比例 1∶100,然后在视口框外双击,视口框锁定,内部的图形比例锁定为 1∶100。

如果全部的比例列表中都没有需要的比例值,可以点击"自定义",打开"编辑图形比例"对话框,如图 10-28 所示。

图 10 - 28 "编辑图形比例"对话框

在对话框中点击"添加"按钮,可以创建一个新的比例,例如创建1:500,可以在添加比例的对话框中设置相关数值,如图10-29所示。在状态栏中的"视口比例"中就会出现新创建的比例1:500了。

(a) 创建新的比例1:500

(b) 1:500出现在比例列表中

图 10 - 29 添加新的比例

10.4.5 打印出图

1. 模型空间整理图形

在本例中,需要将工作界面从"布局"调回"模型状态",将模型空间绘制的图幅图框删除,不然会与布局中的图幅重复。

2. 视口不打印设置

在布局1中创建的视口,应放在新建的"视口"图层上。如果没有放到"视口"层可以将视口框调到"视口"图层,并在"图层特性管理器"中将"视口"图层设置为"不打印"状态,如图10-30所示。

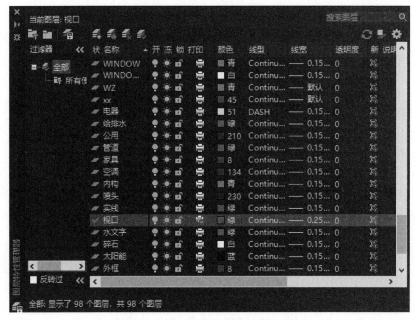

图 10-30 "视口"图层不打印设置

3. 打印预览

点击"文件"→"打印",打开"打印"对话框,如图 10-31 所示。与模型空间打印基本相同,只是打印范围显示的是"布局",在此点击"窗口",用窗口方式回到布局界面选择打印区域,然后点击"预览"按钮,可以看到打印输出的图纸情况,如图 10-32 所示。

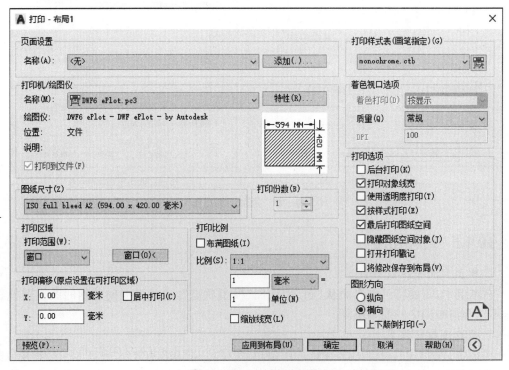

图 10-31 "打印"对话框

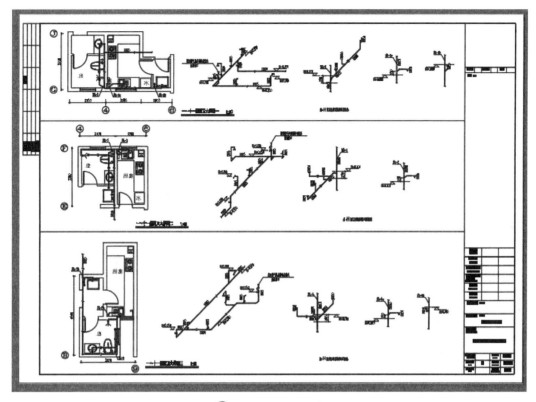

图10-32　打印预览

4. 打印

图纸预览没有问题后,鼠标右键快捷菜单,选择"打印",即可打印输出。

综上所述,绘图一般在模型空间进行,每个图形都需要绘制合适的图幅图框标题栏,然后在模型空间打印,直观方便快捷。

图纸空间适用于打印图纸,具有一定的优势:首先在模型空间绘制的图形不需要有图幅图框标题栏,在布局中插入图幅块然后创建视口图形就可以显示到图幅中,通过布局中插入图幅就可以给每个图形套上一个图幅,一次设置,永久受益;其次是可以精确设置图形比例,只要选择比例锁定视口,图形在出图时的比例就不会发生变化。所以,布局空间适合打印环境、道路、地形图等大型图的局部,把每一个局部调整到图幅块中就可以打印带图幅的图纸了。

10.5　加长图纸的打印

加长图纸的打印

有些工程图纸采用加长图纸,无论模型打印还是布局打印都没有加长图纸的规格,需要用户自己设置。以 A2 加长图(尺寸 743×420 mm)为例,设置步骤如下:

1. 打开"文件"下拉菜单找到"页面设置管理器",新建一个 A2 加长的页面设置。如图10-33所示。

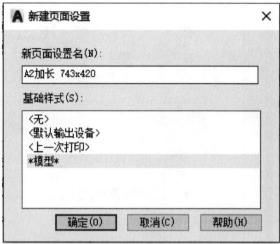

图 10-33 "页面设置管理器"及"新建页面设置"对话框

2. 在"页面设置管理器"中选中"A2 加长 743×420",点击"修改"按钮,打开"页面设置对话框"如图 10-34 所示。

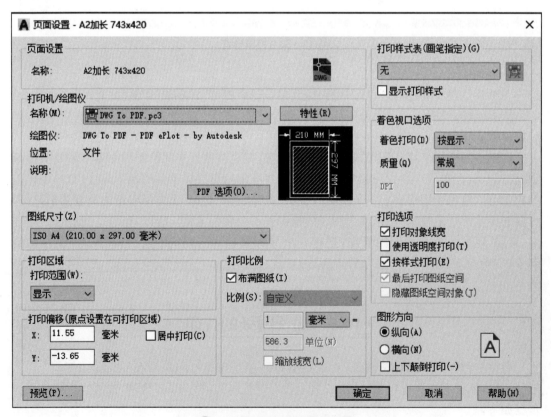

图 10-34 "页面设置"对话框

3. 在"页面设置"对话框中,点击图 10 - 34 中打印机/绘图仪的"特性"按钮,打开"绘图仪配置编辑器"对话框,如图 10 - 35 所示。

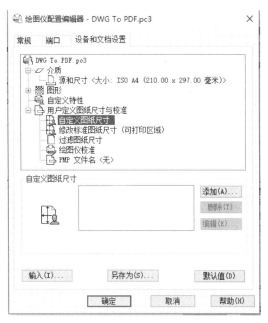

图 10 - 35　"绘图仪配置编辑器"对话框

4. 在"绘图仪配置编辑器"对话框中,点击"自定义图纸尺寸"选项,点击"添加"按钮,打开"自定义图纸尺寸"对话框开始设置。操作步骤如图 10 - 36 所示。

在图 10 - 36(a)中,点击"创建新图纸",然后点击"下一步",就可以在图 10 - 36(b)中,输入自定义图纸的宽度和高度,然后点击"下一步",在图 10 - 36(c)中,可以设置图纸的打印区域,即上下左右预留的打印边界,设置完成点击"下一步",在图 10 - 36(d)中,输入自定义图纸尺寸的名称,再次点击"下一步",在图 10 - 36(f)点击"完成"按钮,完成页面设置。

5. 自定义图纸尺寸出现在如图 10 - 37 所示的"绘图仪配置编辑器"中。点击"确定"按钮,打开如图 10 - 38 所示的"修改打印机配置文件"对话框,对修改进行存盘。点击"确定"按钮,回到"页面设置"对话框,再次点击"确定",完成设置,退回到模型空间的绘图区。

(a) 创建新图纸

(b) 介质边界

(c) 可打印区域

(d) 图纸尺寸名

(e) 文件名

(f) 完成

图 10-36　"自定义图纸尺寸"对话框

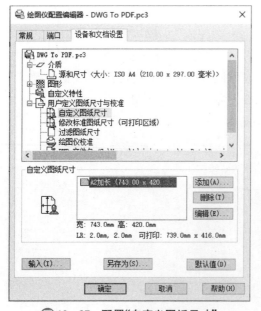

图 10-37　配置"自定义图纸尺寸"

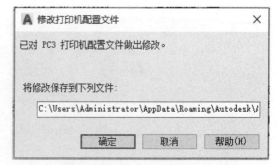

图 10-38　修改打印机配置文件

6. 重新打开"文件"下拉菜单点击"打印",打开"打印—模型"对话框,选择打印机和图纸尺寸,这时图纸尺寸下拉列表框里已经出现"A2加长(743.00×420.00毫米)"的图纸尺寸。

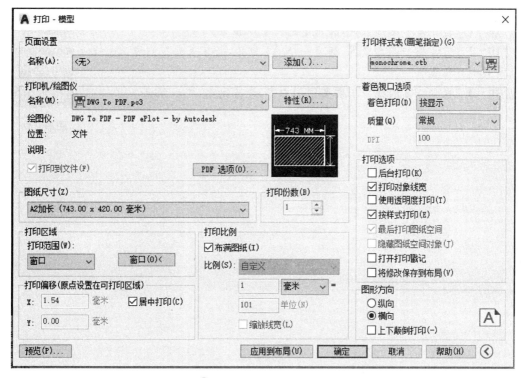

图 10-39　选择加长尺寸

7. 点击图 10-39"打印范围"处的"窗口"按钮,在模型空间选择打印的图纸,预览如图 10-40 所示。

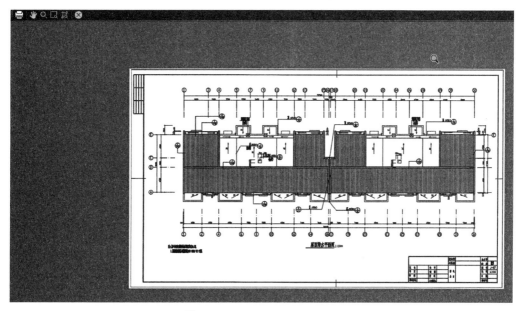

图 10-40　加长图纸打印预览

思考与练习

10 - 1　打开某一图形文件,在模型空间打印预览。

10 - 2　打开某一图形文件,建立一个 A1 布局,并在布局中创建二个视口、调整视口位置。

10 - 3　在 10 - 2 的视口中调整图形内容,设置比例,打印预览。

扫码下载

图形文件

第十一章
给排水工程技术专业绘图实例

【能力目标】

1. 能绘制给排水工程技术专业的平面图、系统图、流程示意图。

【知识目标】

1. 掌握建筑平面图的绘制方法。

2. 掌握室内给排水工程图的绘制方法。

3. 掌握室外给排水工程图的绘制方法。

4. 掌握水处理流程图的绘制方法。

5. 掌握水处理构筑物的一般绘图步骤。

扫码下载

本章图纸

本章主要介绍建筑平面图、室内给排水工程图、室外给排水工程图、水处理工艺流程图和水处理构筑物的画法。

11.1　建筑平面图

绘图步骤

建筑施工图包括施工说明、总平面图、建筑平面图、建筑立面图、建筑剖面图和建筑详图。其中建筑平面图与室内给排水施工图关系密切,下面介绍建筑平面图的画法。

图 11-1 为某社区一号楼一层建筑平面图。

绘图的基本步骤如下:

1. 设置图形界限

选择"格式"→"图形界限"命令,命令行提示为:

```
命令: '_limits
重新设置模型空间界限:
指定左下角点或 [开(ON)/关(OFF)] <0.0000,0.0000>:
指定右上角点 <420.0000,297.0000>: 59400,42000
命令: '_zoom
指定窗口的角点, 输入比例因子 (nX 或 nXP), 或者
[全部(A)/中心(C)/动态(D)/范围(E)/上一个(P)/比例(S)/窗口(W)/对象(O)] <实时>: _all 正在重生成模型。
```

从上面的命令提示中可以看出,默认的图形界限是一张 A3 图幅,即 420×297 mm。建筑图的尺寸都比较大,动辄几千上万毫米,用 AutoCAD 绘图时为了避免输入错误都采用数值 1∶1 的输入方法,因此可以将图形界限放大,图 11-1 为 A2 图,所以可以设置图形界限为 59 400×42 000 mm。设置完成图形界限,一定操作"缩放"→全部,设置才会显示生效。

如果不设置图形界限,也可以绘制一条特别长的直线,例如输入直线长度 50 000,然后操作"缩放"→"全部",将直线全部显示在当前屏幕中,这样也可以按照实际尺寸 1∶1 绘制建筑图形,输入定位轴线间距时,例如偏移 3 600 等,在屏幕中距离显示的很小。

2. 设置图层、颜色、线型和线宽

创建新图层时,图层名称要有提示作用,比如可以给图层命名为"墙""定位轴线""尺寸""文字"等等,也可以用"WALL""AXIS""TEXT"等等,本图采用的是英文的图层名。这样对某些图线进行修改时,只要改变图层就可以对这一层的图线进行修改。

3. 设置文本样式

用户可以先设置好文本样式,这样需要文字输入时可以直接调用,而不必每一次都从字体下拉列表中去选择字体。注意不要在"文字样式"对话框中设置字体的高度,因为设置了高度,则整张图纸中的字体包括尺寸标注的字高就只有这一种高度了,而一张图中的字高不可能完全相同。

4. 尺寸标注样式

用户可以先设置好尺寸标注样式,这样可以随时调用。打开"尺寸标注样式"对话框,选择"新建"按钮,创建标注样式"建筑 100"。

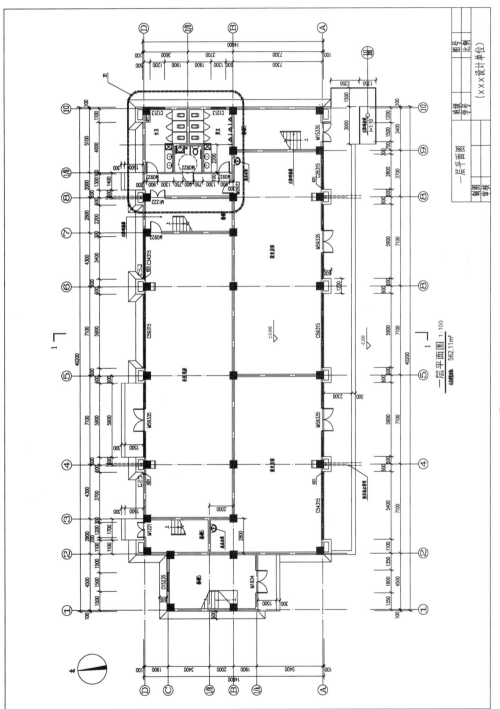

图 11-1 建筑平面图

建筑图采用 1∶1 比例绘制,直接标注尺寸,尺寸元素相对于建筑图极小,字体等难以看清。因此对新建的"建筑 100"标注样式,在"调整"→"使用全局比例"中比例设置为 100,如图 11 - 2 所示。

图 11 - 2 尺寸标注样式的修改

全局比例因子可以统一调整尺寸标注的大小,而且对该样式标注的所有尺寸都有效,不用再单独修改文字高度,箭头大小等。

至此,绘图环境的设置基本完成。需要说明的是,这些设置也可以边绘图边设置,需要的时候再设置也是可以的。

5.绘制定位轴线

(1) 将"AXIS"图层设置为当前图层。

(2) 打开"极轴"开关,在屏幕中合适位置绘制一条水平线、一条垂直线。

小提示

这个图层的图线设置的是"CENTER",可是这时绘制的两条线显示的不是点划线而是实线,这是因为图形界限放大,图线尺寸太大的缘故。这时我们可以通过键盘输入"LTS(或 LTSCALE)"来修改线型比例因子,默认线型比例因子值为 1,修改为 20~30 或者更大的值,屏幕中的图线就显示为点划线了。

(3) 用"偏移"命令,根据定位轴线间距离,偏移出定位轴线网,并用"修改"→"打断"等命令修剪掉多余的图线,如图 11 - 3 所示。

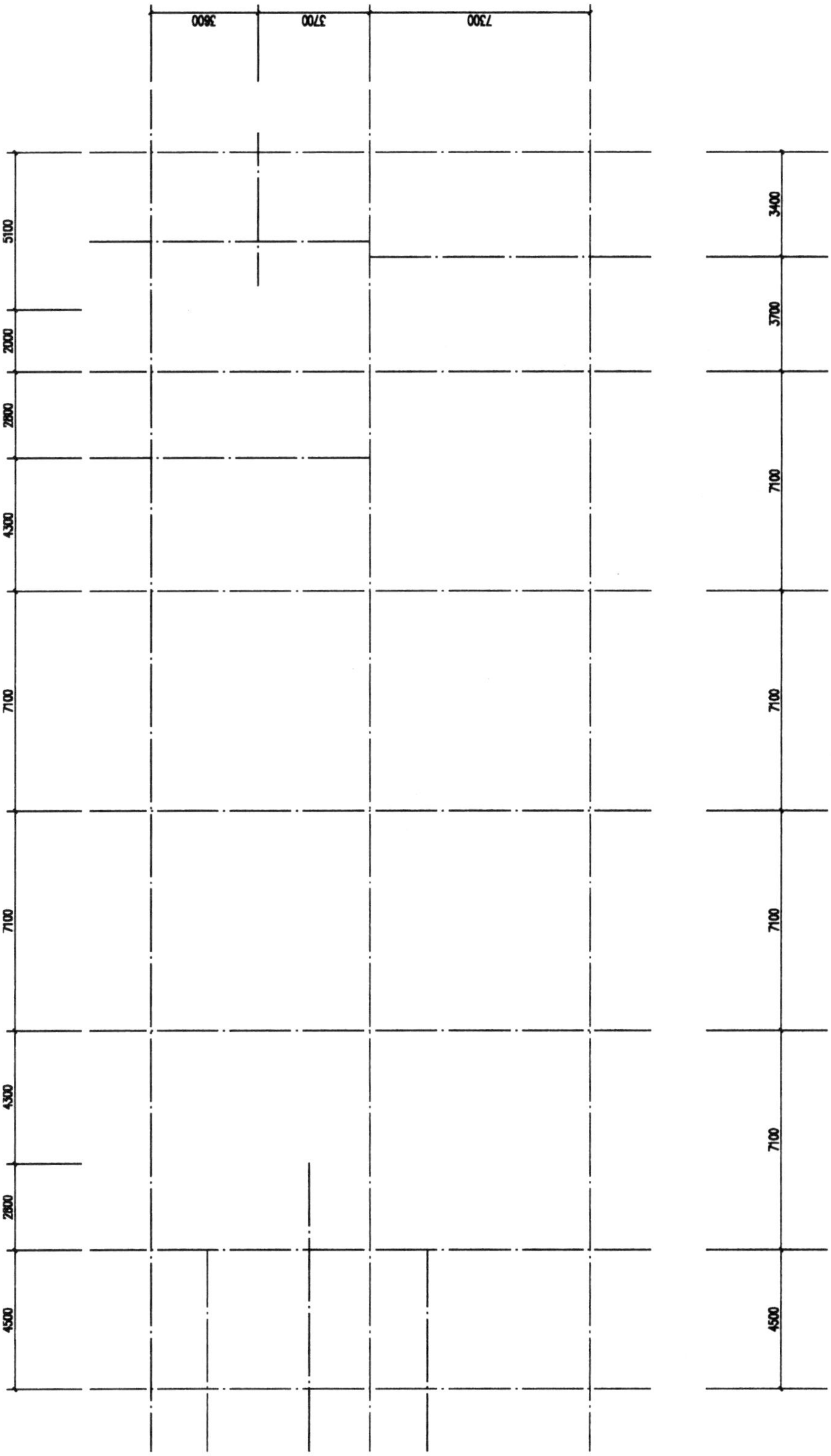

图 11 - 3 绘制定位轴线网

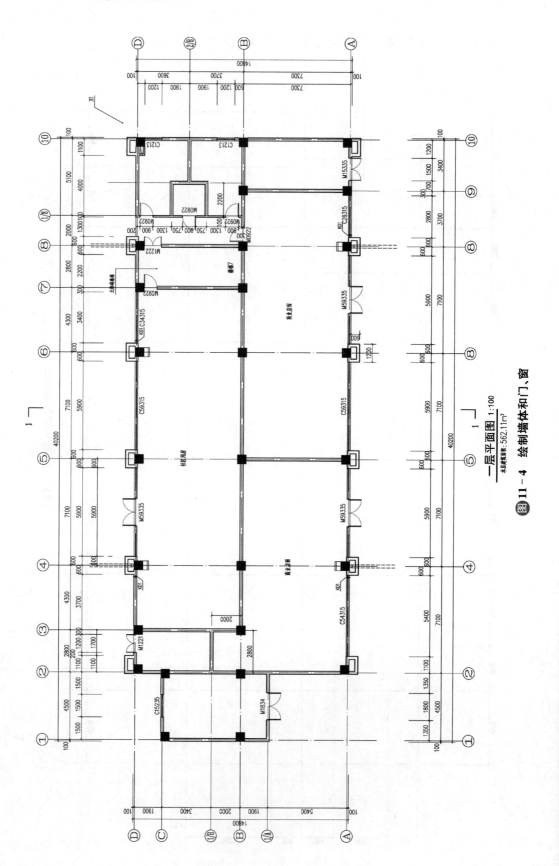

一层平面图 1:100

图 11 - 4 绘制墙体和门、窗

6. 绘制墙体和门窗洞口

（1）设置"WALL"为当前图层。

（2）启用多线命令，对正方式：无，比例200。

利用"多线"绘制墙体，首先要调整"对正"方式。因为已经绘制了定位轴线，多线以定位轴线为中心，所以对正方式为"无"即以中间对正。其次调整比例值，因为默认多线两元素间的偏移距离为1（参见第五章多线样式），所以比例值为多少两条线间的距离就是多少。本图中墙体厚度200 mm，所以比例值为200。

（3）用"修改"→"对象"→"多线"中的多线编辑工具对墙体的 T 形角、十字角和直角等处进行修改。

（4）用"分解"命令对多线分解，然后用"修剪"命令修剪出门、窗洞口。

（5）用"图案填充"命令，填充混凝土墙体为黑色实体，图案选择"solid"。

墙体及门窗如图 11－4 所示。

7. 绘制窗

将"WINDOW"图层设置为当前图层。

窗可以做成块插入，也可以绘制出一个后用"复制"命令复制到需要窗的各处，然后用"拉伸"命令拉伸到正确的大小。图 11－5 为窗复制后的拉伸，注意拉伸时选择对象必须用"crossing"方式。

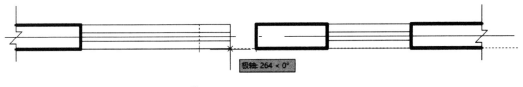

图 11－5　窗的复制与拉伸

8. 绘制门

将"DOOR"图层设置为当前图层。

门也可以做成块插入，也可以绘制出一个后用"复制"命令复制到需要门的各处，然后门用"缩放"命令中的"参照"方式缩放到正确的大小。

9. 绘制卫生间洁具等附属设施

将"FU"图层设置为当前图层（本图中 FU 即附属设施的意思）。

卫生间洁具在建筑图中是经常使用的，应将它们做成图块保存在相关的文件中，每次使用时调出来插入图块即可。也可以从"设计中心"调用 AutoCAD2021 样本中提供的卫生间图块。调用的方法同时按下"CTRL＋2"打开"设计中心"对话框，在对话框的左侧的树状图中打开 C:\Program Flies\Autodesk\AutoCAD2021\Sample\zh-cn\Design Center\House Designer，在【Design Center】文件夹中选中"House Designer.dwg"的图形文件，在右侧的内容区域就显示了此文件的"标注样式""块""图层"等内容。在内容区域双击"块"图标，则在内容区域出现了一些"块"的图形，如图 11－6 所示。

点击"浴缸"图块，在对话框的下面就出现了"浴缸"的图形效果和文字说明。用鼠标拖动这个"浴缸"图块到绘图的屏幕区松开，在绘图区域就出现了一个浴缸的图形，再用"移动"命令移动到合适的位置即可。用这样的方法可以将其他洁具拖到绘图区域并移动到相应位置。

也可以复制本图中的图块使用。

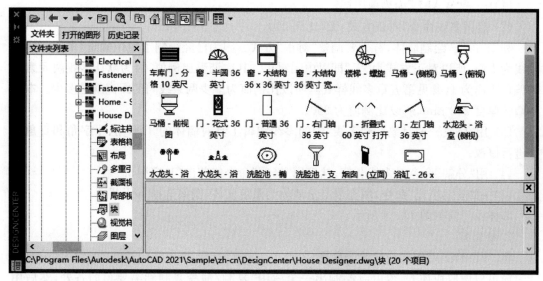

图 11-6　从"设计中心"调用图块

10. 绘制楼梯

楼梯的踏步用细实线绘制,将"细实线层"作为当前图层,绘制楼梯。

将楼梯部位局部放大,绘制一个台阶踏步,然后用"偏移"命令偏移出其他踏步。

11. 标注尺寸

将鼠标放在任意一个工具栏上击右键,会出现工具栏右键菜单,从中选择"标注"打开"标注"工具栏,将新建的名称为"建筑 100"标注样式设置为当前样式,就可以标注了。

12. 绘制轴线编号

定位轴线编号的圆为直径 8~10 mm 的细实线圆,可以将其做成属性块插入图中。也可以用复制的办法。做属性块的办法参见第八章,下面介绍复制的方法。

(1)绘制定位轴线的圆。因为图形界限放大了 100 倍,所以圆的直径也放大100 倍,取 800 mm。

(2)在圆内写出轴线编号,字高取500 mm。

(3)复制这个定位轴线及其编号到其他定位轴线的位置。

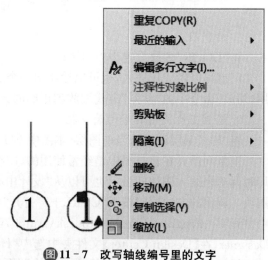

图 11-7　改写轴线编号里的文字

(4)选中轴线编号中的文字,击右键出现右键菜单,选择"编辑多行文字",就可以改成需要的编号了,如图 11-7 所示。

13. 标注文字

标注每个房间的名称,写出施工说明,最后在平面图的下方写出"二层平面图"和比例1∶100,完成文字标注。

14. 绘制图幅、图框和标题栏

绘制一个 59 400×42 000 的矩形作为图幅线,然后向内偏移 1 000 再产生一个矩形,将内部矩形"分解",再将内部矩形左边的线右移 1 500 成为图框,将内部矩形图框调整到图框层,将图框层设置为粗实线。在右侧绘出标题栏。

将绘制的平面图放进图框中,调整到合适的位置,建筑平面图的绘制就完成了。

15. 打印出图

从"文件"下拉菜单选择"打印",打开"打印—模型"对话框,从中选择打印设备和图纸尺寸等,打印设备选用虚拟打印设备"DWG To PDF.pc3";图纸尺寸选择 594×420;打印范围用"窗口"方式从屏幕上选择图幅的左上角到右下角为打印范围,打印偏移均为 0 或居中打印;打印样式表选择 monochrome.ctb 即"单色打印",并点击旁边的图,将打印颜色调整为黑色;图形方向选择"横向",如图 11-8 所示。然后点击"预览"按钮就可以看到打印预览的效果。

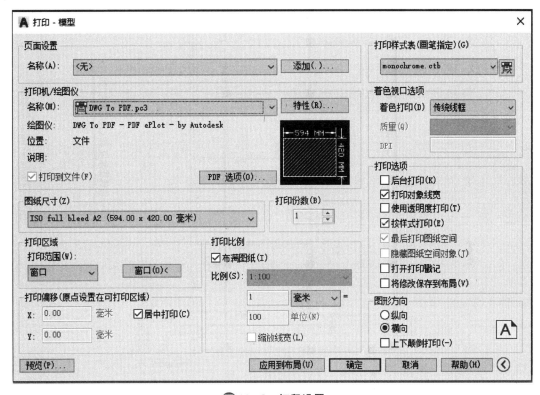

图 11-8　打印设置

本节详细介绍了一些绘图环境的设置、线型比例因子的调整、图幅图框线绘制和打印出图等内容,所以在以下各节中对这部分内容将不再赘述,仅介绍图形绘制的步骤。

11.2　室内给排水工程图

室内给排水工程图属于设备施工图的一种,内容包括室内给排水平面布置图、系统轴测图和卫生间大样图。图 11-9 为社区 1 号楼的室内给排水工程图(部分)。

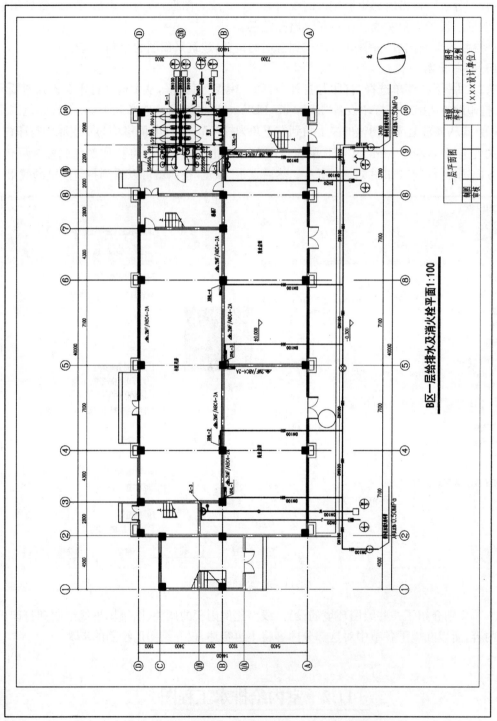

B区一层给排水及消火栓平面1:100

(a) 给排水平面布置图

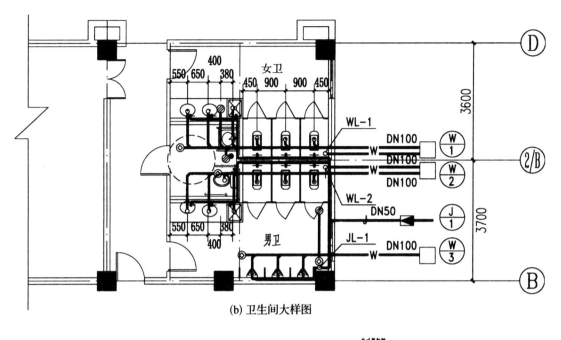

(b) 卫生间大样图

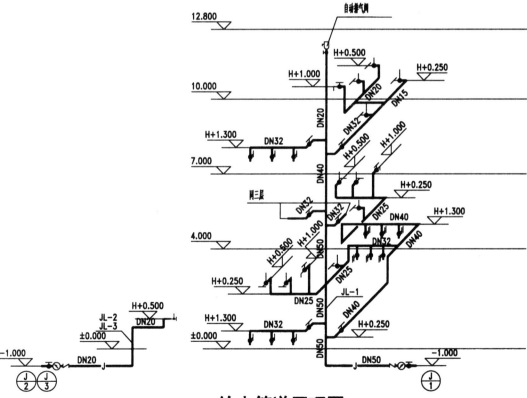

给水管道原理图

H 为室内地坪标高

(c) 给水管道原理图

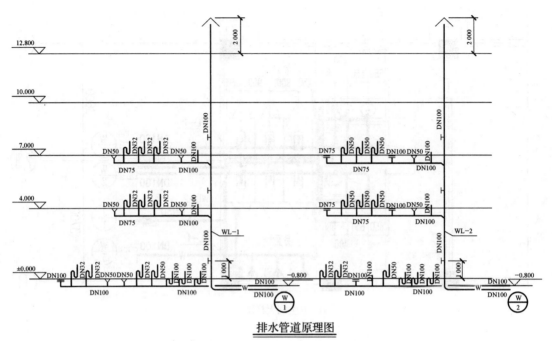

排水管道原理图

(d) 排水管道原理图

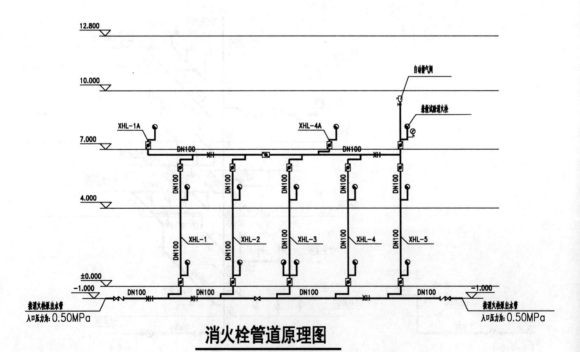

消火栓管道原理图

(e) 消火栓管道原理图

图 11-9　室内给排水工程图

11.2.1　室内给排水平面布置图

绘制的基本步骤如下：

1. 首先设置好图纸界限、标注样式、文字样式、图层（如建筑图层、给水管道层、排水管道层及标注层等）。

2. 以"建筑图层"为当前图层,抄绘建筑平面图,建筑平面图的图线全部为细实线。

3. 以"给水管道层"为当前图层绘制给水管道,绘制顺序为给水引入管、干管、支管。

4. 以"排水管道层"为当前图层绘制排水管道,绘制顺序为支管、干管、排出管。

5. 以"标注层"为当前图层,标注管径、注出管道类别和有关说明。

因为给排水管道集中在卫生间,抄绘大样图后再绘制管线。

11.2.2　给排水系统轴测图

给排水系统轴测图采用斜等测图绘制,斜等测图的轴向伸缩系数为 $X:Y:Z=1:1:1$,X 轴与 Z 轴的夹角是 $90°$。X 轴与 Y 轴夹角是 $45°$（或 $135°$）,Z 轴与 Y 轴夹角是 $225°$（或 $135°$）。

绘图基本步骤如下：

1. 以"给水管道层"为当前图层绘制给水管道,绘制顺序为给水引入管、干管、立管、支管。

2. 以"排水管道层"为当前图层绘制排水管道,绘制顺序为立管、支管、干管、排出管。

3. 以"标注层"为当前图层,标注管径、注出管道类别和有关说明。

绘制完成后,绘制合适的图幅、图框,将所有的图形放进图框中,打印出图。

11.3　室外给排水工程图

室外给排水工程图主要表示一个小区范围内的各种室外给水排水管道的布置,与室内管道的连接以及管道敷设的坡度、埋深和交接等情况。室外给排水工程图包括给排水总平面布置图、管道纵断面图和附属设备的施工图等。

11.3.1　给排水总平面布置图

图 11-10 为某小区管网总平面布置图。

绘图基本步骤如下：

1. 首先设置好图纸界限、标注样式、文字样式、图层（如建筑图层、给水管网、排水管网及标注层等）。

2. 以"建筑图层"为当前图层,绘制各建筑物,图线全部为细实线。

3. 以"给水管网"为当前图层,绘制给水管网。

4. 以"排水管网"为当前图层,绘制排水管网。

5. 以"标注层"为当前图层,标注管径、注出管道类别和有关说明。

绘制图 11-10 之前,可以先练习绘制局部小图,如图 11-11 所示。

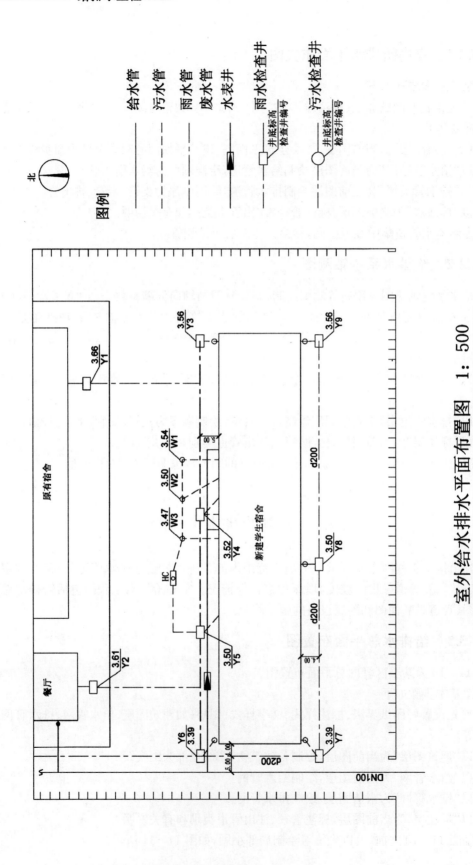

室外给水排水平面布置图 1:500

图11-10 某小区管网总平面布置图

11.3.2 管道纵断面图

图 11 - 11 为一张管道纵断面图,绘图基本步骤如下:

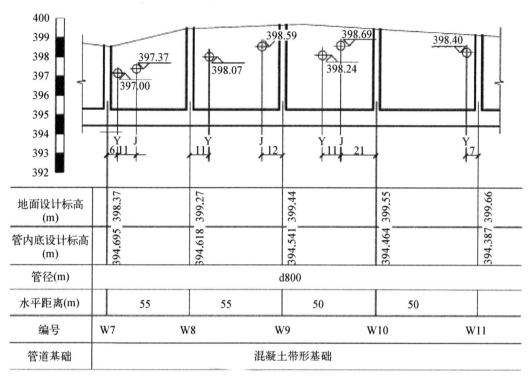

地面设计标高 (m)	398.37	399.27	399.44	399.55	399.66
管内底设计标高 (m)	394.695	394.618	394.541	394.464	394.387
管径(m)			d800		
水平距离(m)	55	55	50	50	
编号	W7	W8	W9	W10	W11
管道基础			混凝土带形基础		

污水管道纵断面图1:2 000

图 11 - 11 街道污水管道纵断面图

1. 首先设置好图纸界限、标注样式、文字样式、图层。
2. 插入表格。
3. 绘制污水管道。
4. 对应污水管道的各检查井,在表格中填写数据。
5. 检查井编号做成图块插入,完成图形绘制。

11.4 水处理工艺流程图

11.4.1 污水处理站工艺流程图

图 11 - 12 为某污水处理站工艺流程图,绘图基本步骤如下:

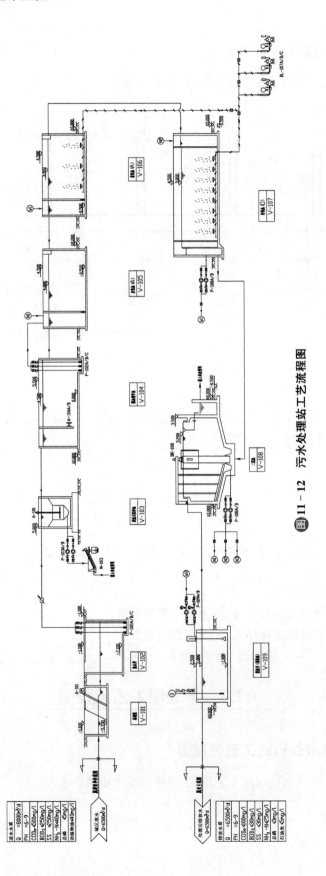

图 11-12 污水处理站工艺流程图

1. 首先设置好图纸界限、标注样式、文字样式、图层。

2. 以"建筑图层"为当前图层,绘制各构筑物,图线全部为细实线。

3. 以"标注"为当前图层,标注工艺流程中各构筑物的编号,标注平面尺寸。

4. 以"文字"为当前图层,书写说明。

5. 插入表格,用"文字"和"复制"命令逐步填写和编辑表格中的文字。

6. 绘制图幅图框,完成图形绘制。

▚▶ 11.4.2 高程布置图

图 11 - 13 为造纸厂污水处理站高程布置图,绘图基本步骤如下:

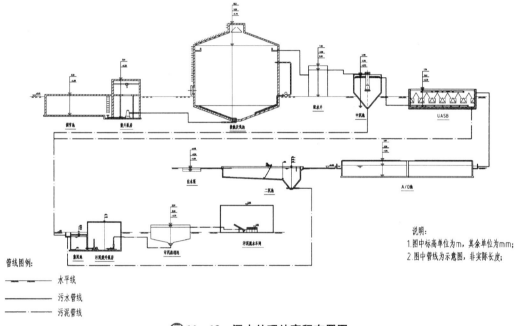

图 11 - 13 污水处理站高程布置图

1. 首先设置好图纸界限、标注样式、文字样式、图层。

2. 以"建筑图层"为当前图层,绘制各建筑物和构筑物。

3. 以"文字"为当前图层,书写各构筑物的指印线说明。

4. 以"标注"为当前图层,标注各构筑物的标高,标注平面尺寸。标高应做成属性块插入,也可参照 11.1 节做定位轴线的方法,复制完成。

5. 标注图名比例。

6. 绘制图幅图框,完成图形绘制。

11.5 水处理构筑物

水处理构筑物根据构造不同,可以用三视图、剖面图、断面图等表达不同部位。图 11 - 14 为某水处理厂污泥浓缩池的平面图和剖面图。

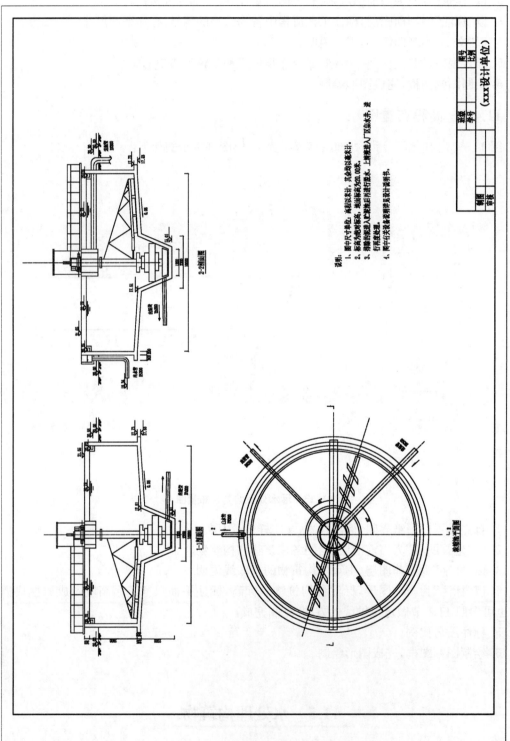

图 11－14　污泥浓缩池平面图与剖面图

绘制污泥浓缩池的作图步骤如下：

1. 首先设置好图纸界限、标注样式、文字样式、图层。

2. 以"建筑图层"为当前图层。首先绘制平面图，然后根据剖切位置绘制 1 - 1 剖面，2 - 2 剖面。

3. 以"文字"为当前图层，书写说明。

4. 以"标注"为当前图层，标注各处的标高，标注平面尺寸。

5. 标注图名比例。

6. 绘制图幅图框，将所有的图形移动到此图框中并调整到合适的位置。

思考与练习

11 - 1　绘制习题图 11 - 1 所示的建筑给排水平面图和系统图。

扫码下载

习题图纸

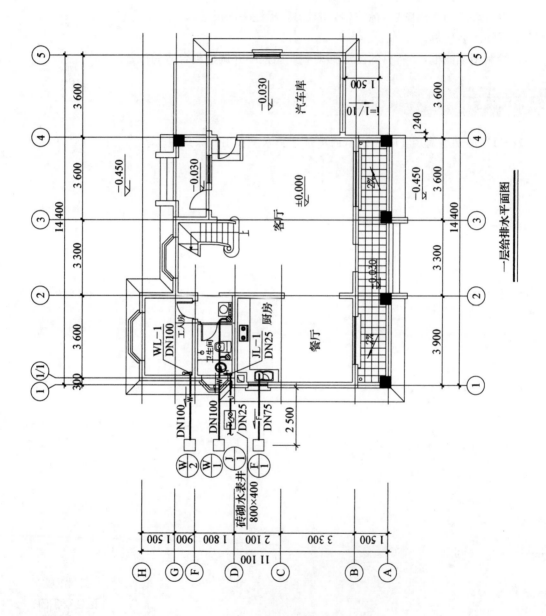

一层给排水平面图

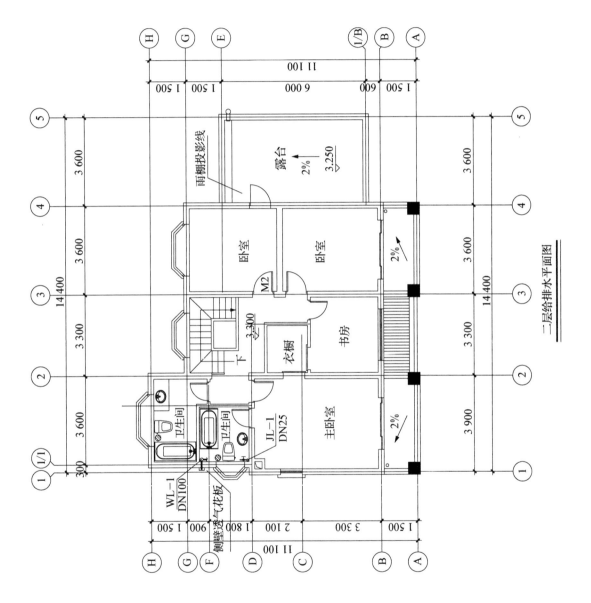

二层给排水平面图

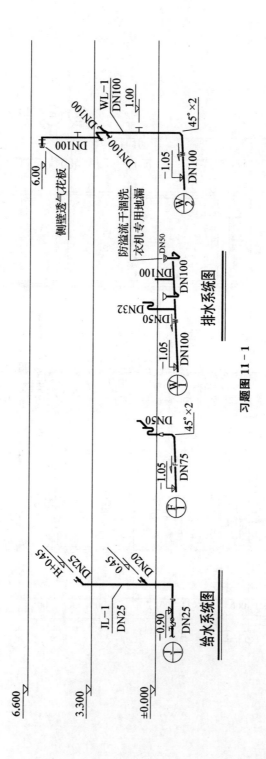

习题图 11-1

11 - 2　绘制习题图 11 - 2 所示的厨卫大样图。

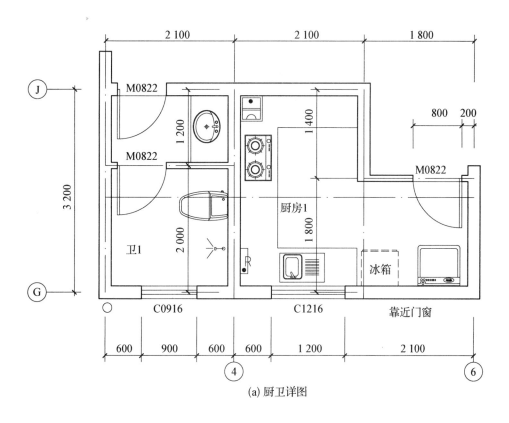

(a) 厨卫详图

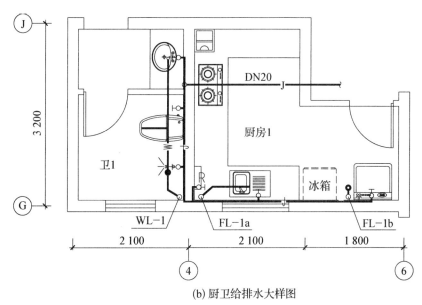

(b) 厨卫给排水大样图

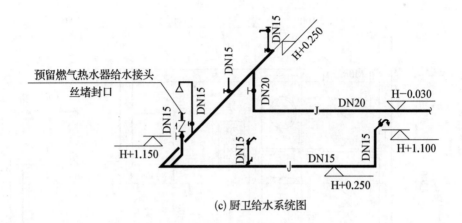

(c) 厨卫给水系统图

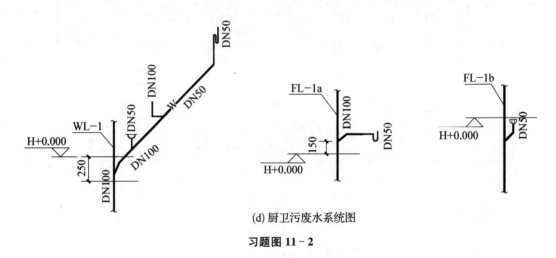

(d) 厨卫污废水系统图

习题图 11‑2

11‑3 绘制习题图 11‑3 所示的纸板生产废水处理工艺流程图。

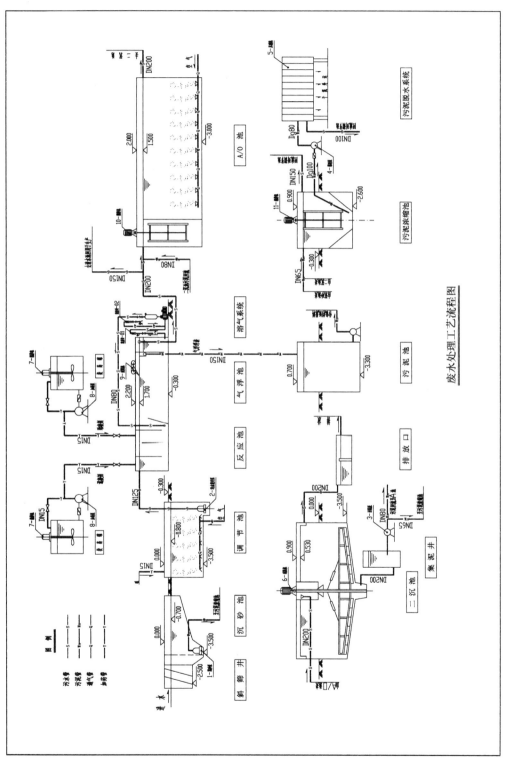

习题图 11 - 3

11-4 绘制习题图 11-4 所示的格栅沉砂池剖面图。

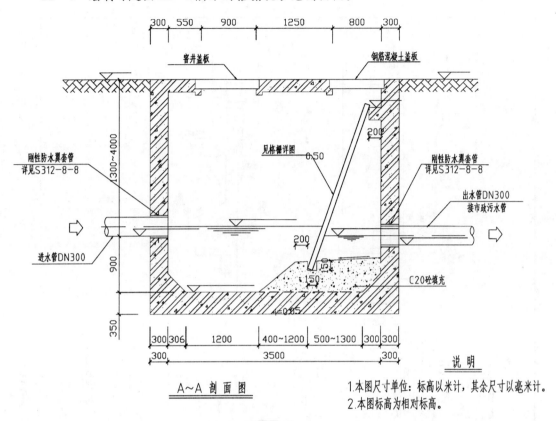

A~A 剖面图

<u>说 明</u>

1.本图尺寸单位：标高以米计，其余尺寸以毫米计。
2.本图标高为相对标高。

习题图 11-4

第十二章
天正给排水绘图实例

【能力目标】

1. 能绘制给排水工程技术专业的平面图、系统图、大样图。

【知识目标】

1. 掌握天正软件绘制建筑平面图的方法。

2. 掌握天正软件绘制室内给排水工程图的方法。

3. 掌握天正软件绘制室外给排水工程图的方法。

天正 CAD 是国内最早在 AutoCAD 平台上开发的商品化建筑 CAD 软件之一。目前已具相当规模,今天的天正软件已发展成为涵盖建筑设计、装修设计、暖通空调、给水排水、建筑电气与建筑结构等多项专业的系列软件。

天正给排水 CAD 简称 TWT,在给排水工程设计领域得到了广泛的运用。所包含的各类自定义绘图工具可以绘制大部分给排水图形,如各类管线、设备、附件以及阀门等,且天正给排水内嵌于 AutoCAD 软件中,在使用该软件绘图时,还可以使用 AutoCAD 各类命令进行辅助绘制。

12.1　天正给排水基础知识

软件操作界面

目前设计院常用的天正软件版本都以 AutoCAD 为平台,打开后的界面如图 12 - 1 所示。

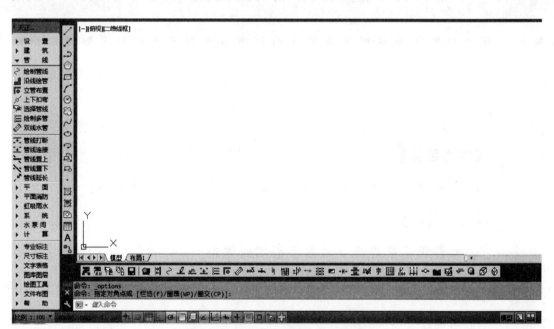

图 12 - 1　天正给排水软件工作界面

从图中可以看出,位于中间绘图区左侧的是天正软件菜单栏,所有的天正命令都可以在菜单栏中找到,位于绘图区下侧是常用工具栏,天正软件将常用的绘制管线、布置阀门附件、管道标注等命令集中于一个菜单条下组成。实际操作时,利用左侧菜单栏和常用工具栏就可以方便地进行给排水管线的绘制和相关出图工作,如果左侧天正菜单栏不小心被关闭,可以利用<Ctrl>+<+>命令快速打开,如果是下部常用工具栏关闭,则可以利用 CAD 中工具菜单栏下,选项命令,找到天正设置选项卡,将常用工具栏复选框勾选即可。

天正给排水软件从给排水系统的组成角度出发,设置了管线、平面、系统、标注等几个主要模块,同时保留了部分天正建筑功能,极大地方便了给排水工程师的图纸绘制工作。另外,它还提供了【平面】—【三维】的转化功能,在平面绘制的同时也可以及时进行三维查看,避免不必要的错误,降低了工作强度,提高了工作效率。下面以某小区南1♯楼建筑给排水设计图为例,介绍给排水设计绘图时的基本步骤。

12.2　建筑图清图

建筑图清图

建筑给排水专业施工图的绘制需要基于建筑专业相关图纸,往往在拿到建筑底图后对建筑图纸进行清图,删除与给排水设计无关的内容,保留绘制建筑给排水施工图所必需的底层、首层、标准层、顶层平面图等,建筑底图清图主要有基于传统 CAD 图层清图和天正建筑转条件图清图两种方式。

▶ 12.2.1　传统清图方式

建筑图纸主要包括施工说明、工程做法表、各楼层平面图、立面图、楼梯剖面详图、门窗详图、各节点详图等内容,所谓的清图主要包括删除部分不需要的图纸和清除部分不必要的标注。经分析建筑楼层平面图及卫生间详图是绘制给排水平面图所必需的,其余图纸可进行删除,删除的方式是选中对象按住快捷键"e",或者点击修改工具栏上的删除命令 。打开图层 II 控制面板, ,利用其中的图层隔离和取消图层隔离命令可以快速地清除不必要的标注,以某小区南1♯楼首层建筑平面图为例,如图12-2所示。

图中有很多细部尺寸是绘制建筑给排水平面图所不需要的,可以先选中一个细部尺寸标注然后点击图层隔离,这样属于该图层下的所有细部尺寸就会处于高亮状态,其他图层处于灰暗锁定状态,再删除该图层的所有细部标注。细部尺寸删除后的建筑平面图如图12-3所示。

▶ 12.2.2　天正建筑转条件图清图

编辑建筑图形命令有【转条件图】、【删门窗名】、【柱子空心】等,通过调用这些命令,可以对建筑图形执行各种操作,例如:更新建筑图、将墙柱变细线、删除多余的图元,还可删除门窗的名称,这在绘制较为复杂的建筑的给排水图纸时尤为重要。

天正给排水软件中自带有天正建筑选项卡,内部除了设置有常规的绘制轴网、墙体、标准柱、楼梯坡道等建筑常用功能外,还设置了转条件图命令,可以方便快速地对建筑底图进行清图,如图12-4所示。

在命令行中输入"ZTJT"命令并按<Enter>键,或者执行【建筑】—【转条件图】命令,根据需要勾选需要保留的图层,不勾选的图层内容将会在接下来的操作中删除,如图12-5所示。

设置完成后,框选需要转化的图纸范围,即可完成建筑底图清图,如图12-6所示。

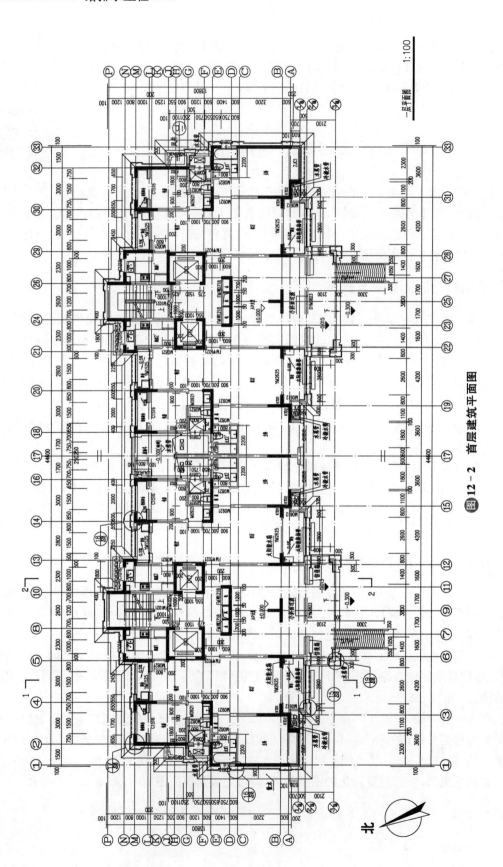

图 12 – 2 首层建筑平面图

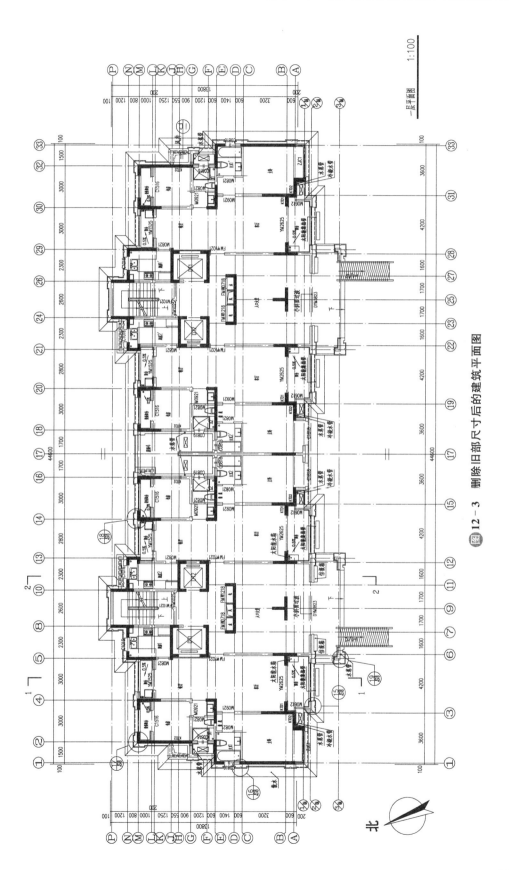

图 12 - 3　删除旧部尺寸后的建筑平面图

图 12-4 锁定图层灰暗状态

图 12-5 "转条件图"对话框

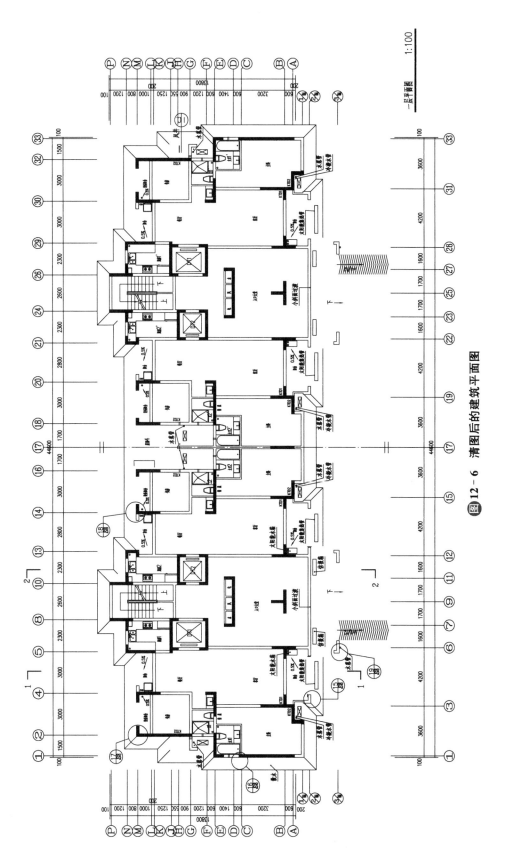

图12-6 清图后的建筑平面图

12.3　管线平面图绘制

12.3.1　管线绘制

建筑给排水系统主要由管道、管道附件、卫生器具以及给排水设备和配套构筑物组成。其中管道(管线)是建筑给排水工程主要的安装构件之一,常见的有给水管线、排水管线、雨水管线、消防管线等,具体细分又可以分为高、中、低区给水管线、污、废水管线、通气管线、中水管线、消火栓管线、自喷管线以及冷凝水管线等。给排水管线类型复杂,材料种类各异,同时在绘制的过程中还要时刻注意管径和标高的变化,因此,能够完整绘制建筑给排水平面图是给排水工程师的一项基本技能。

1. 立管绘制

TWT 绘图软件中的绘制管线命令包括绘制管线、沿线绘管、立管布置等,不同的命令可以应用在不同的绘图操作中。在命令行中输入"LGBZ"命令并按<Enter>键或者执行【管线】—【立管布置】命令即可执行绘制立管命令并绘制立管管线,此时命令行提示请指定立管插入点,如图 12-7 所示。

在管线设置面板下,可以设置不同管道类型的颜色、线宽、线型、标注信息、管材等。此外,天正给排水软件还提供了自定义以及其他管设置命令,方便设计师根据自己的需要进行个性化设置,如图 12-8 所示。

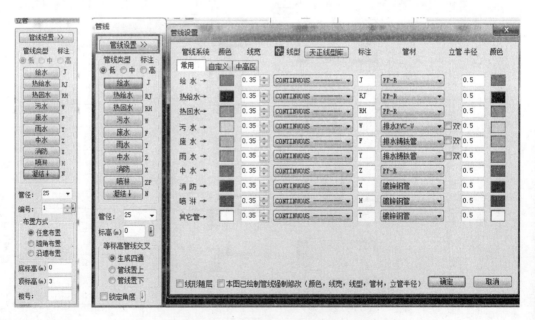

图 12-7　"立管"工具选项

图 12-8　"管线设置"面板

对管线进行相关设置后就要选择所要绘制的管线类型,同时根据设计要求选择是否需要进行低中高区设置,注意在"凝结"面板下有一个下箭头,此为管线类型修改命令,天正软件系统提供了 10 种管线类型,在一般的项目中是足够的,但是在实际绘制施工图的过程中可能还有一些其他管道类型,比如说常见的污水通气管,需要设置就点击此面板进行相应的设置和修改。

进行完管线类型设置后就需要对管道的管径、编号以及交叉管道布置方式处理等方面的内容进行定义。管道的类型软件提供了给水、污水、热回水、热给水、喷淋等,对于有压管道还提供了低、中、高三个分区以满足不同的设计要求;管径有 DN25、DN32、DN40、DN50、DN65 等 13 种,编号有数字和英文递增编号两种方式,布置方式有任意布置、墙角布置和沿墙布置三种,同时,天正软件提供了顶标高和底标高两个标高输入选项用于对立管标高的限定,完成相关设置后即可进行相应给排水专业立管管线绘制。

2. 平管绘制

在命令行中输入"HZGX"命令并按<Enter>键或者执行【管线】—【绘制管线】命令即可执行绘制管线命令并绘制平面单管线,此时命令行提示请点取管线的起始点,如图 12-9 所示。

和立管布置类似,同时需要对等标高管道进行设置:生成四通、管线置上、管线置下,完成相关设置后即可进行相应给排水专业平面管线绘制。

图 12-9 "管线"工具选项

3. 管线编辑

天正给排水管线还提供了【上下扣弯】、【绘制多管】、【管线打断】、【管线连接】、【管线置上】、【管线置下】以及【管线延长】等管线编辑命令,方便设计师对绘制完成的管线进行修改编辑。

在命令行中输入"XKWS"命令并按<Enter>键,或者执行【管线】—【上下扣弯】命令,根据命令行的提示,在管线上点取扣弯的插入位置,通过指定管线的标高参数,可以创建扣弯图形,如图 12-10 所示。

图 12-10 扣弯图形示例

在命令行中输入"HZDG"命令并按<Enter>键,或者执行【管线】—【绘制多管】命令,根据命令行的提示,选择需要引出的立管或管线(或者重新绘制立管);指定管线的绘制方向,右击即可完成多管的绘制。

调用【管线打断】命令,可以将某根管线打断成两根管线。在命令行中输入"GXDD"命令并按<Enter>键,或者执行【管线】—【管线打断】命令,根据命令行的提示,分别在待打断的管线上指定截断点,即可完成管线打断的操作。

调用【管线连接】命令,可以将两根平行的管线合并成一根管线。在命令行中输入

"GXLJ"命令并按<Enter>键,或者执行【管线】—【管线连接】命令,根据命令行的提示,分别指定待连接的两根管线,即可完成管线连接操作。

调用【管线置上】命令,可以修改同标高下遮挡优先级别高的管线,使其位于其他管线之上。在命令行中输入"GXZS"命令并按<Enter>键,或者执行【管线】—【管线置上】命令,根据命令行的提示,选择待执行置上操作的管线,即可完成管线置上的操作。

调用【管线置下】命令,可以修改同标高下遮挡优先级别低的管线,使其位于其他管线之下,在命令行中输入"GXZX"命令并按<Enter>键,或者执行【管线】—【管线置下】命令,选择水平管线并右击,即可完成管线置下的操作。

调用【管线延长】命令,可以沿管线方向延长管线端点,注意,要点取靠近需要延长的端点,支持相关管线即设备联动。在命令行中输入"GXYC"命令并按<Enter>键,或者执行【管线】—【管线延长】命令,根据命令行的提示,选择待延长的管线以及延长的位置点,即可完成延长管线的操作。

▶▶ 12.3.2　平面绘制

1. 洁具布置与连接

天正给排水软件中洁具布置与连接命令主要涉及任意洁具、定义洁具、管连洁具以及快连洁具等命令,如图 12 - 11 所示。

图 12 - 11　洁具选项卡

平面绘制

（1）任意洁具

调用【任意洁具】命令,可以在建筑平面图中任意定义洁具的位置,在命令行中输入"RYJJ"命令并按<Enter>键,或者执行平面—任意洁具命令,在天正软件—给排水系统图块对话框中选择洁具图形,同时根据命令行提示指定洁具的插入点。

（2）定义洁具

调用【定义洁具】命令,可以自定义洁具的给水点及排水点。在命令行中输入"DYJJ"命令并按<Enter>键,或者执行【平面—定义洁具】命令,首先选择需要定义的洁具类型,调出"识别洁具类型"对话框,选择洁具后,在"定义洁具"对话框中设定洁具的给水点及排水点参数,给水管线标高,给水当量、排水当量、给水额定流量、排水额定流量、洁具的安装方式等内容,完成确定后,软件会提示请选择洁具方向（给水点指向排水点方向）:指定给水到排水方向,则洁具定义成功。

小提示

定义洁具是天正给排水中一项非常重要的操作,洁具的定义在一定程度上决定了后期管线和洁具的连接是否准确,也是系统图生成及计算书出具的保障,当一种类型的洁具定义成功后,与其在同一图层或者相同类型的洁具都应该是定义成功并以淡绿色进行显示,如果有些洁具不能定义洁具或者只能定义一个洁具时,需要利用任意洁具更换成天正模块的洁具,然后再次对其进行洁具定义。

（3）管连洁具

调用【管连洁具】命令,可以连接给水排水与洁具,前提是洁具必须被定义过。在命令行中输入"GLJJ"命令并按<Enter>键,或者执行【平面】—【管连洁具】命令,命令行提示请选择支管,请选择需要连接管线的洁具,分别选定支管及洁具,可以按照所定义的方式来连接。

（4）快连洁具

调用【快连洁具】命令,通过框选图面管线及洁具,可一键完成管线与洁具的连接,还可自动识别定义过的洁具类型,所得到的结果与管连洁具相同。

在命令行中输入"KLJJ"命令并按<Enter>键,或者执行【平面】—【快连洁具】命令,命令行提示请框选立管或靠近立管的管线及需要连接的洁具,选择需要连接管线的洁具并进行相应连接。

2. 阀门附件添加

阀门附件有多种类型,根据实际情况来选用。天正给排水为各类阀门附件设置了专门的命令,通过调用这些命令可以插入指定的阀门附件图形。例如,调用【给水附件】命令,可以调入各类给水附件图形,包括水龙头、淋浴头等。

（1）阀门阀件

调用【阀门阀件】命令,可以调入平面或系统形式的阀门图块。在命令行中输入"FMFJ"命令并按<Enter>键,或者执行【平面—阀门阀件】命令。在"天正软件—给排水系统图块"对话框中选择阀门,同时命令行提示请指定阀件的插入点,指定阀件插入点则阀门会自动将管道断开并放置于合理位置处,如图12-12所示。

（2）给水附件

调用【给水附件】命令,可以插入平面或者系统形式的给水附件。在命令行中输入"GSFJ"命令并按<Enter>键,或者执行【平面—给水附件】命令。

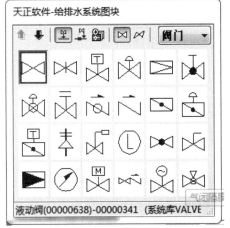

图12-12　"阀门阀件"图块

在弹出的【给水附件】对话框中设置附件参数,同时命令行提示请指定附件在管线上的插入点,指定插入点,则可以在平面或者系统图中放置相应的给水附件,如图12-13所示。

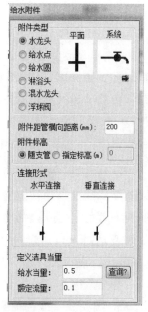

图12-13 "给水附件"图块

图12-14 "排水附件"图块

（3）排水附件

调用【排水附件】命令，可以调入平面或系统形式的排水附件。

在命令行中输入"PSFJ"命令并按＜Enter＞键，或者执行【平面—排水附件】命令，在弹出的排水附件对话框中设置参数，同时命令行提示请指定附件在管线上的插入点，移动鼠标指定管线的端点，即可调入排水附件，如图12-14所示。

3. 设备连接操作

编辑设备命令包括【设备移动】、【设备连管】、【设备缩放】等，通过调用这些命令，可以调整设备的位置或者大小，还可以连接设备与管线。

（1）设备移动

调用【设备移动】命令，可以移动天正设备，并在新老位置重新接管线。在命令行中输入"SBYD"命令并按＜Enter＞键，或者执行【平面—设备移动】命令。命令行提示请选择需要移动的设备，选择相应的设备即可完成相应设备的移动。

（2）设备连管

调用【设备连管】命令，可以连接干管和所有的设备，在命令行中输入"SBLG"命令并按＜Enter＞键，或者执行【平面—设备连管】命令，命令行提示请选择干管，分别选择干管及设备，则可以完成相应设备和管线之间的连接。

（3）设备缩放

调用【设备缩放】命令，可以对设备进行缩放操作，所连的管线也联动处理。在命令行中输入"SBSF"命令并按＜Enter＞键，或者执行平面—设备缩放命令，命令行提示请选取要缩放的设备，缩放比例，按＜Enter＞键可以完成缩放操作。

4. 材料统计

统计命令可以对给排水平面图中的材料进行统计，也可根据表中的内容来选择图纸中的图形,还能对表格执行合并操作,天正软件提供的命令主要有【材料统计】、【统计查询】以及【合并统计】。

（1）材料统计

利用【材料统计】命令可以方便地提取想要系统的管道及其管件工程量,这对于实际施工过程中材料的管理是非常有必要的,而且软件支持局部范围和本层统计功能,方便了实际的使用。

调用【材料统计】命令,可以对当前图纸进行材料统计,在命令行中输入"CLTJ"命令并按<Enter>键,或者执行【平面—材料统计】命令,在如图 12-15 所示的【给排水材料统计】对话框中设置统计参数,同时命令行提示请选择统计范围,选择需要统计的视图范围并点取表格插入位置,即可完成统计操作。

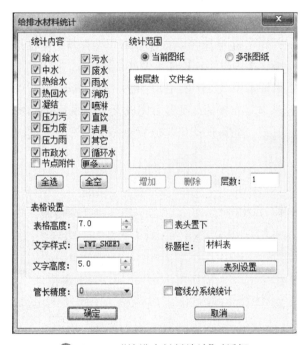

图 12-15　"给排水材料统计"对话框

（2）统计查询

调用【统计查询】命令,可以根据统计结果中的内容,搜索并选中图纸上相对应的图元。在命令行中输入"TJCX"命令并按<Enter>键,或者执行【平面—统计查询】命令,命令行提示请点取要查询材料的表行,点取表行后,可以在图纸中选中与表行相对应的图元。

（3）合并统计

调用【合并统计】命令,可对两个统计表中的相同项进行累加。在命令行中输入"HBTJ"命令并按<Enter>键,或者执行【平面】—【合并统计】命令命令行提示请选择要合并的天正统计表格,选择要合并的天正统计表格,即可完成合并统计工作。

12.3.3　平面消防

天正给排水软件还提供了平面消防菜单,方便工程师进行消防系统平面图绘制,主要命令有布置消火栓、连消火栓、布置喷头、喷头转化、修改喷头、定位喷头等命令,操作界面如图 12-16 所示。

平面消防

图 12-16 "喷头"选项卡

1. 布灭火器

调用【布灭火器】命令,可以在平面图中布置常用的灭火器。在命令行中输入"BMHQ"命令并按<Enter>键,或者执行【平面消防】—【布灭火器】命令。在【布灭火器】对话框中可以选择灭火器的形式,布置方式、保护半径以及标注方式等相关信息,同时命令行提示请选择消火栓范围,设置完相关参数信息,框选需要布置的范围即可完成灭火器平面布置,如图 12-17 所示。

图 12-17 "布灭火器"面板

图 12-18 "平面消火栓"对话框

2. 布消火栓

调用【布消火栓】命令,可以在平面图中布置常用的消火栓。在命令行中输入"BXHS"命令并按<Enter>键,或者执行【平面消防】—【布消火栓】命令,可以打开如图 12-18 所示的平面消火栓对话框。

在【平面消火栓】对话框中可以选择消火栓的样式尺寸、保护半径以及与墙的距离等相关信息,同时命令行提示拾取布置消火栓的外部参照、墙线、柱子、直线、弧线,设置完相关参数信息,并根据需要拾取外部参照即可完成消火栓平面布置。

3. 连消火栓

调用【连消火栓】命令,可以在平面图中将消火栓和消火栓管道进行连接。在命令行中输入"LXHS"命令并按<Enter>键,或者执行【平面消防】—【连消火栓】命令。在【连消火栓】对话框中可以看出,软件提供了立消连接和干消连接两种方式,每种方式下都可以选择消火栓的连接样式、接管属性、以管径标高等相关信息,同时命令行提示请框选消火栓与消防立管(支持多选),设置完相关参数信息,并根据需要框选需要连接的管道和消火栓即可完成相应操作,如图12－19所示。

图12－19　"连消火栓"对话框　　　　图12－20　"任意布置喷头"对话框

4. 任意喷头

针对自动喷水灭火系统,天正给排水软件提供了任意喷头、交点喷头、直线喷头、弧线喷头、矩形喷头、扇形喷头等多种布置喷头命令,操作方式基本类似,以下仅对任意喷头和矩形喷头进行阐述。

在命令行中输入"RYPT"命令并按<Enter>键,或者执行【平面消防】—【任意喷头】命令。在【任意布置喷头】对话框中可以对喷头布置方式、连管设置、喷头保护半径等相关信息进行修改,同时命令行提示请点取参考点,设置完相关参数信息,并根据需要点取需要布置喷头位置即可完成相应操作,如图 12－20 所示。

5. 布置喷头

调用【矩形喷头】命令,可以在平面图中绘制矩形和菱形区域喷头。在命令行中输入"JXPT"命令并按<Enter>键,或者执行【平面消防】—【矩形喷头】命令。在【矩形布置喷头】对话框中可以看出,软件提供了矩形布置和菱形布置两种方式,每种方式下都可以设置喷头的危险等级、最小间距、接管方式、管标高、管径以及保护半径等相关信息,同时命令行提示请输入起始点,设置完相关参数信息,并根据需要输入起始点和终点绘制矩形或菱形区域,即可完成相应操作,如图 12－21 所示。

图 12 - 21 "矩形布置喷头"对话框

图 12 - 22 "专业标注"选项卡

12.3.4 专业标注

1. 立管标注

天正给排水软件还提供了专业标注功能,方便对绘制出的管线进行标注,主要标注有标注立管、立管排序、入户编号、标注洁具、管线文字、多管管径等,如图 12 - 22 所示。

在命令行中输入"BZLG"命令并按<Enter>键,或者执行【专业标注】—【标注立管】命令。命令行提示请选择需要标注的立管,框选需要标注的立管,按右键,命令行提示输入立管编号,输入相应编号则可以完成立管标注。

2. 洁具标注

在命令行中输入"BZJJ"命令并按<Enter>键,或者执行【专业标注】—【标注洁具】命令。在【洁具标注】对话框中可以对圆半径、圆线宽、字样式等内容进行设置,同时软件提供了"脸""污""蹲""化"等洁具简化文字,工程师也可以在标注内容中输入文字内容,进行个性化设置,设置完相关参数信息,并根据需要点取需要标注的位置即可完成相应操作,如图 12 - 23 所示。

3. 文字标注

在命令行中输入"GXWZ"命令并按<Enter>键,或者执

专业标注

图 12 - 23 "洁具标注"
选项卡

行【专业标注】—【管线文字】命令。命令行提示 <mark>请输入文字内容</mark><mark>＜自动读取＞</mark>,在命令行中输入需要标注的文字内容,或者在前期管线绘制的过程中设置了管线文字内容则可以直接读取,命令行提示 <mark>请点取要插入文字管线的位置</mark>,点取相应位置则可以完成立管标注。

4. 管径标注

在命令行中输入 GJZB 命令并按＜Enter＞键,或者执行【专业标注】—【多管管径】命令。命令行提示 <mark>请选取需要标注管径的</mark><mark>管线(多选,标注在管线中间)</mark>,选择常用的管径或者根据前期绘制管线的过程中设置的管径信息,同时对字高、类型、标注位置进行设置,完成后框选需要标注的管线则可以完成多管管径标注,如果在标注过程中发现标注错误,也可以利用多管标注中的删除管径命令对标注完成的多管管径进行删除,如图 12-24 所示。

图 12-24 "管径标注"
选项卡

给排水
平面图绘制

12.3.5 给排水平面图绘制

1. 给水平面图绘制

根据《建筑给水排水设计标准》(GB 50015—2019)中的有关规定,并经过计算,某小区 1♯楼的给水方案为 1～5 层为低区,由市政供水管网供水;6～11 层为中区,由小区设置的变频调速泵统一供水;12～18 层为高区,由小区设置的变频调速泵统一供水。

(1) 给水立管绘制

以标准层三层左侧单元西户型为例,点击管线—立管绘制命令,设置管线类型为给水,分区为低区,管径设置为 DN65,编号默认为 1,绘制方式为任意布置,底部标高为－1.2 m(出户管埋深),顶部标高为 10.2 m(标准层为 3 米一层),完成后找到水井位置并绘制低区立管,同理绘制给水中、高区立管,绘制效果如图 12-25 所示。

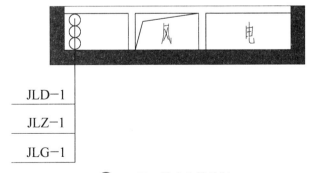

图 12-25 给水立管绘制

(2) 给水干管绘制

接着对标准层三层左侧单元西户型进行平面管线绘制,单击管线—绘制管线命令,选择给水管线,分区为低区,管径 DN20,标高默认为零,施工时按在找平层敷设考虑,其余设置采用默认设置,如图 12-26 所示。

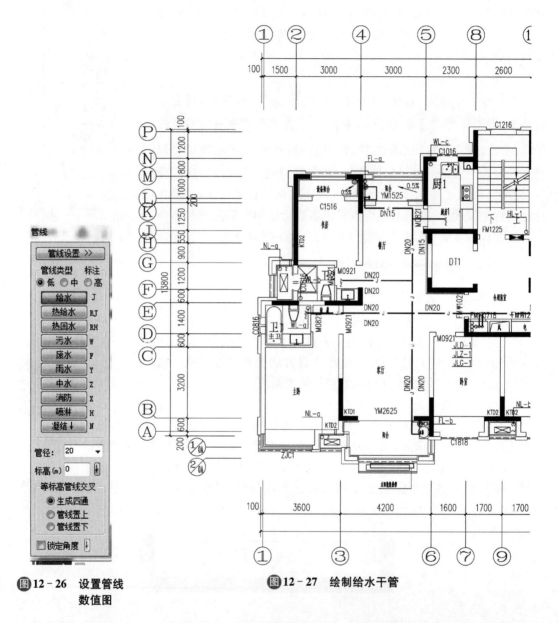

图 12-26 设置管线数值图

图 12-27 绘制给水干管

沿墙从水表井内绘制给水管线至户内卫生间和厨房,并在末端用断管符号标识,绘制完成的效果如图所 12-27 所示。

同理完成右侧单元以及整个楼层平面的给水平面图绘制。管线绘制完毕后,还需要在水表井内放置阀门和水表以及其他给水附件。整个楼层平面给水平面图的绘制效果如图 12-28 所示。

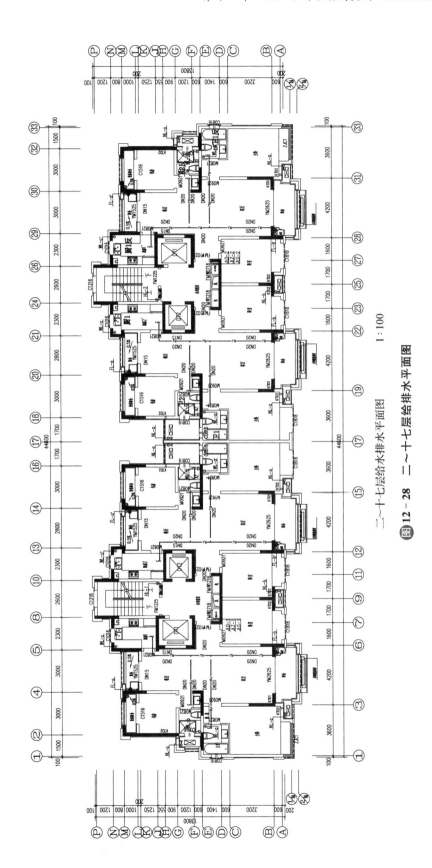

二~十七层给水排水平面图 1：100

图 12-28 二~十七层给排水平面图

(3) 给水支管绘制

给水支管主要是指卫生间和厨房内和洁具连接的管段,目前设计院有两种做法,一种是直接在标准层平面图中和干管一起绘制出用水点,另一种是以大样图的形式布置于卫生间和厨房中。以大样图的形式布置能使整个标准层平面简化清晰,管线密集区域则集中在大样图中,并配置系统图,布局紧凑有条理,是目前设计院采用的主要形式,本设计采用第二种方式布置支管。

利用天正软件绘图工具中的【图形切割】工具切割出卫生间和厨房区域,接着同干管绘制思路一样,利用管线—绘制管线命令在卫生间和厨房区域绘制给水支管,绘制过程中需要注意管径以及标高的变化,卫生间区域给水平面大样图如图 12 - 29 所示。

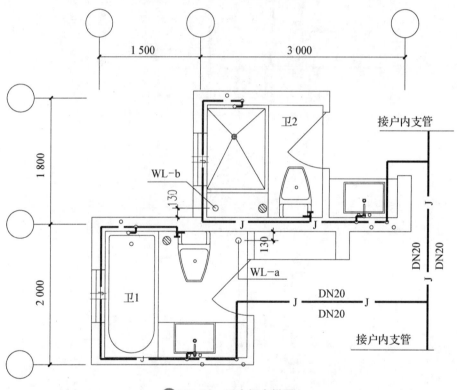

图 12 - 29 卫生间大样图

(4) 定义洁具

管线绘制完成后需要对卫生间和厨房内的洁具进行定义,方便后续系统图的生成,以洗脸盆为例,执行【平面】—【定义洁具】命令,选取原图纸中的洗脸盆洁具,进入识别洁具类型选项卡中,如图 12 - 30 所示。

点击洗脸盆按钮,进入【定义洁具】选项卡中,在这里分别指定冷水给水点、热水给水点以及排水点位置、洁具安装样式选择第一种"09S 304—037",其余给水点标高、管线标高、给水当量、排水当量等参数可以采用默认数值,如图 12 - 31 所示。

定义完洁具后,需要指定给水至排水的方向,按照定义的给水、排水位置予以指定,至此洁具定义成功并以淡绿色显示,如图 12 - 32 所示。

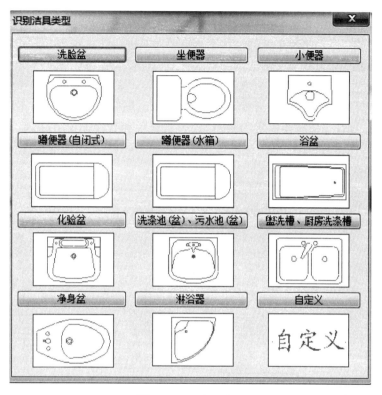

图 12-30 洁具类型

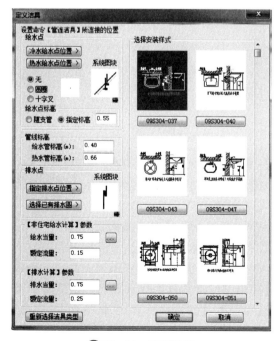

图 12-31 定义洁具

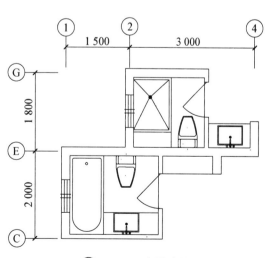

图 12-32 布置洁具

需要说明的是,这里定义的给水点、热水点以及排水点位置是后面进行管连洁具的基础,所以工程师一定要将其定义准确完整,如果有个别洁具没有定义成功,则还需重新利用任意洁具进行布置,但是此时布置的洁具不再需要对其进行洁具定义,因为其本身就是天正给排水模块,系统已经为其定义了洁具的给水、排水点等相关参数。

(5) 管道与洁具连接

在给水支管和洁具定义完成后就可以将洁具和管线进行连接,执行【平面—管连洁具】命令,选择支管,接着选择需要连接的洁具,同时指定一种管线连接方式则可以完成洁具和管线连接,连接完成后的效果如图 12-33 所示。

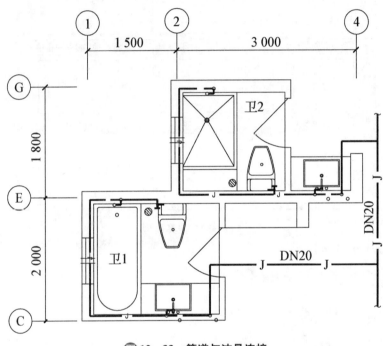

图 12-33 管道与洁具连接

2. 热水平面图绘制

热水平面图的绘制和给水类似,单击【管线】—【绘制管线】命令,选择热给水管线,分区为低区,管径 DN20,标高默认为零,施工时按在找平层敷设考虑,其余设置采用默认设置,如图 12-34 所示。

热水平面图绘制

沿着刚才绘制的给水管线走向绘制热水管线,注意给水和热水交叉的位置需要做翻弯打断处理,对于坐便器、洗衣机等仅有冷水给水点,没有热水给水点的洁具和对于同时需要冷热水点的洁具,需要考虑到施工安装的规范要求进行设计,诸如左边是热水点,右边是冷水点等。由于前期在洁具定义的过程中已经将洁具的热水点和热水支管标高进行了定义,所以在绘制完热水支管后同样采用【平面】—【管连洁具】命令将热水支管和洁具进行相连,绘制完成的效果如图 12-35 所示。

图 12-34　热水管线设置

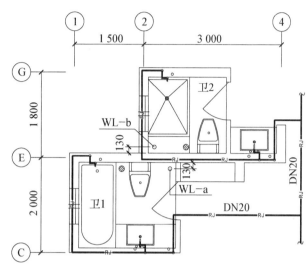

图 12-35　热水管线连接

3. 排水平面图绘制

根据《建筑给水排水设计标准》(GB 50015—2019)中的有关规定,本次设计中的排水系统为污废水合流排水系统,污水自流排出室外经化粪池处理后统一排放,卫生间排水系统采用漩流降噪特殊单立管排水系统,其余部分为普通单立管排水系统,采用单立管排水系统的污水系统,管材均为加强型螺旋管,并按要求配置旋流器。

排水平面图绘制

(1) 污水立管绘制

以标准层三层左侧单元西户型为例,单击【管线】—【立管绘制】命令,设置管线类型为污水,管径设置为 DN100,编号设置为 a,绘制方式为任意布置,底部标高为-1.2 m(出户管埋深),顶部标高为7.2 m(标准层为 3 m 一层,污水横干管位于本层楼板下 0.3 m),完成后在离排水量较大的卫生器具附近墙角处放置污水立管,绘制效果如图 12-36 所示。

(2) 污水横管绘制

接着对标准层三层左侧单元西户型进行平面管线绘制,单击【管线】—【绘制管线】命令,选择污水管线,设置好管径和标高信息,沿着排水量大的洁具附近布置排水横干管,同时避免横干

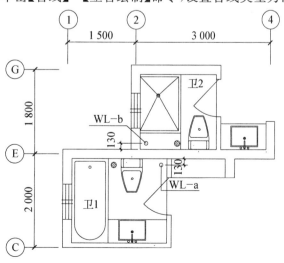

图 12-36　绘制污水立管并标注

管和立管连接的过程中出现过多弯头,本次排水系统横干管布置如图 12 - 37 所示。

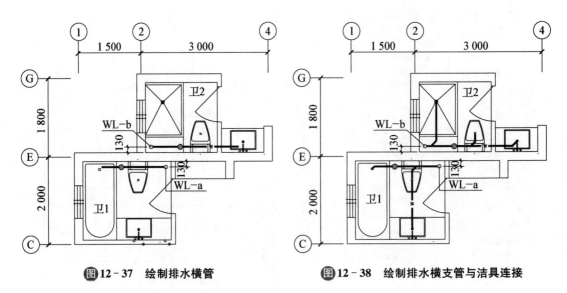

图 12 - 37　绘制排水横管　　　　图 12 - 38　绘制排水横支管与洁具连接

（3）管道与洁具连接

由于前期在洁具定义的过程中已经将洁具的排水点和排水支管标高进行了定义,所以在绘制完排水横干管后同样采用【平面】—【管连洁具】命令将排水横干管和洁具进行相连,相连的管线即为排水横支管,绘制完成的效果如图 12 - 38 所示。

4. 消火栓平面图绘制

根据《消防给水及消火栓系统技术规范》(GB 50974—2014)中的有关规定,室外消防用水量为 15 L/s,本工程室外消火栓不应少于 2 个,每个室外消火栓出水量按 10～15 L/s 计,室外消火栓的布置由室外给水管网设计时统一考虑。室内消火栓用水量为 20 L/s,室内消火栓给水管网上下连成环状管网,各层均设室内消火栓,室内消火栓的布置能保证任何部位有两个消火栓

消火栓
平面图绘制

的水枪充实水柱同时到达。消火栓箱均采用玻璃门铝合金外框,采用双阀的消火栓箱。内含 SN65 消火栓 2 个,QZ19 直流水枪 2 个,25 m 长 DN65 麻织衬胶水龙带 2 条,以及消防指示灯一个(本工程 1～6 层采用减压稳压消火栓),本工程所有消火栓箱内均设置消防卷盘。

消火栓给水系统采用临时高压制,消防水箱设在南 6♯楼屋面上(底标高为 59.2 m),内储 10 min 消防用水量 18 m³,消防水池(有效容积约 260 m³)及水泵房设在会所的地下室内。消火栓给水系统在室外设 2 套地上式消防水泵接合器,以便消防车加压供水。

（1）布置消火栓

以地下室为例,根据设计规范要求,室内消火栓的布置要保证任何部位有两个消火栓的水枪充实水柱同时到达,沿着地下室走道合理布置消火栓,同时考虑住宅建筑类型的特点,在电梯和疏散楼梯附近需要增设一个消火栓,本次设计的消火栓布置如图 12 - 39 所示。

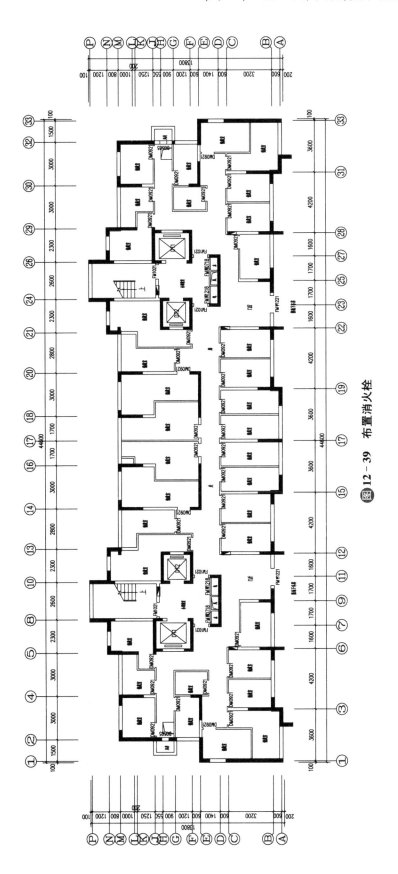

图 12-39 布置消火栓

（2）消火栓立管绘制

消火栓布置完成后需要对消火栓立管进行布置，点击【管线】—【立管绘制】命令，设置管线类型为消火栓，管径设置为 DN100，编号设置为 1，绘制方式为任意布置，底部标高为−1.0 m（出户管埋深），顶部标高为 10 m（标准层为 3 m 一层），完成后在靠近消火栓附近墙角处布置消火栓给水立管，地下室消火栓立管绘制效果如图 12-40 所示。

（3）消火栓横干管绘制

接着对地下室消火栓横干管进行绘制，单击【管线】—【绘制管线】命令，选择消火栓管线，设置好管径和标高信息，沿着地下室走道绘制消火栓横干管，同时避免横干管穿越地下室承重墙等，本次消火栓横干管布置如图 12-41 所示。

（3）消火栓连接

在绘制完消火栓并布置完消火栓之后需要将两者进行连接，利用【平面消防】—【连消火栓】命令，选取需要连接的管线和消火栓对其进行连接，绘制完成的效果如图 12-42 所示。

5．自喷平面图绘制

本工程地下储藏室及公共走道部分设计自动喷水灭火系统。按中危险等级 I 级设计，喷水强度≥6 L/min·m²，作用面积为 160 m²，设计流量为 21 L/s。本工程采用喷头选用：采用边墙型易熔合金喷头，流量系数 $K=80$，喷头接管直径为 DN25，动作温度为 68 ℃。自动喷洒系统采用临时高压湿式系统，自动喷洒系统平时管网压力由设在北 2♯楼屋面上的消防水箱保持。火灾时喷头喷水，该区水流指示器动作，向火灾控制中心发出信号，同时在水力压差作用下打开系统的报警阀，敲响水力警铃，并且在压力开关作用下自动启动喷淋灭火泵灭火。室外设二套地下式水泵结合器，与自动喷水泵出水管相连。

自喷平面图绘制

（1）布置喷头

以地下室为例，根据设计规范要求，布置边墙型易熔合金喷头，点击【平面消防—任意布置】【布置喷头】命令，保证每个储藏室内均能有一个喷头，本次设计的喷头布置如图 12-43 所示。

（2）自喷立管绘制

喷头布置完成后需要对自喷立管进行布置，点击【管线】—【立管绘制】命令，设置管线类型为自喷管道，管径设置为 DN100，编号设置为 1，绘制方式为任意布置，底部标高为−1.0 m（出户管埋深），顶部标高为 10 m（标准层为 3 m 一层），完成后在指定位置布置自喷立管，地下室自喷立管绘制效果如图 12-44 所示。

（3）自喷横干管绘制

接着对地下室自喷横干管进行绘制，单击【管线】—【绘制管线】命令，选择【自喷管线】，设置好管径和标高信息，沿着地下室走道绘制自喷横干管，同时避免横干管穿越地下室剪力墙等，本次自喷横干管布置如图 12-45 所示。

（4）尺寸标注

在绘制完自喷系统管线和喷头后，需要对管线的管径和喷头间距等信息进行标注，利用【平面消防】—【喷头尺寸】命令对喷头间距进行标注，标注完成的效果如图 12-46 所示。

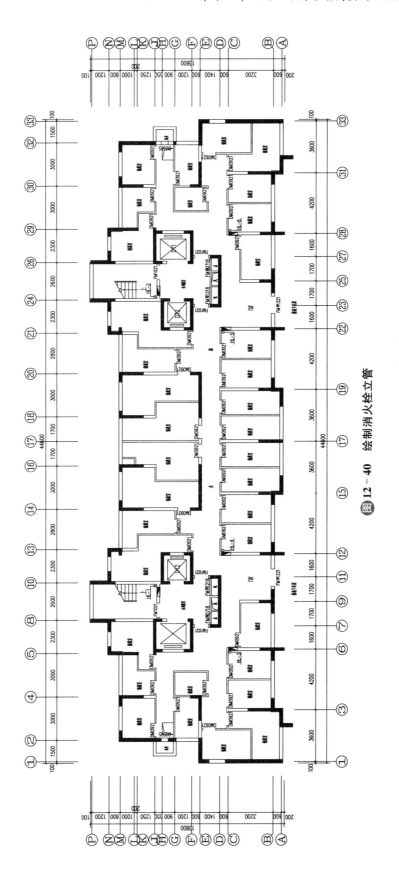

图 12-40　绘制消火栓立管

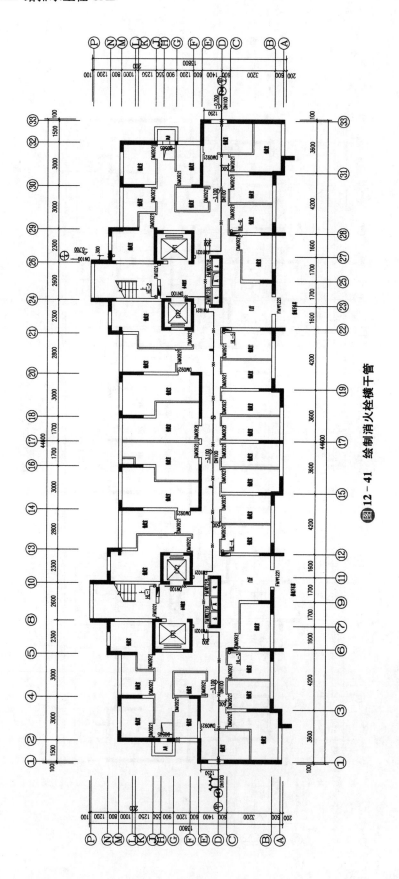

图 12-41 绘制消火栓横干管

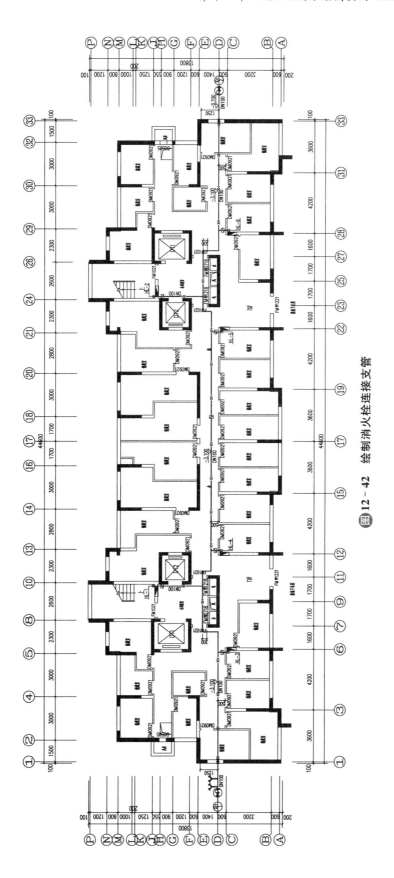

图 12-42 绘制消火栓连接支管

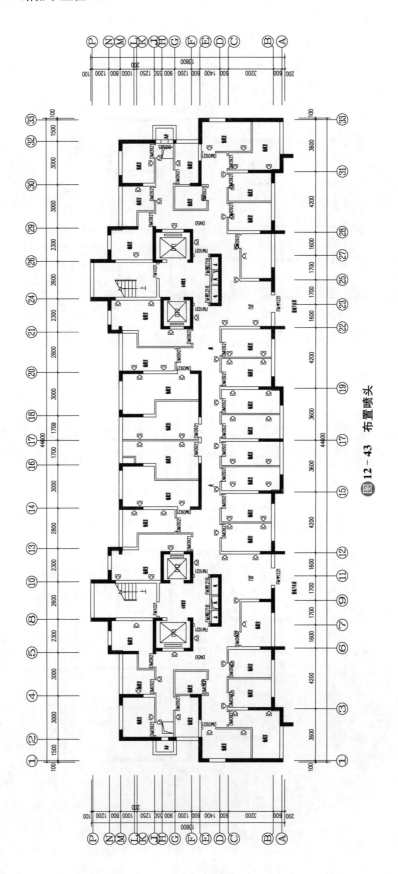

图 12 - 43 布置喷头

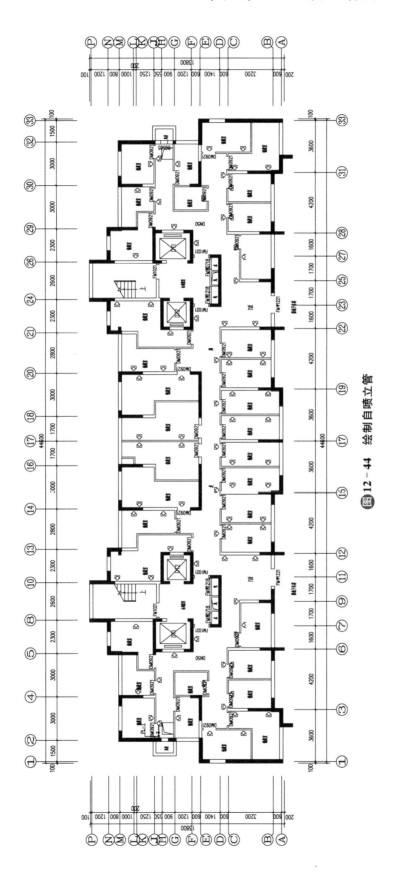

图12-44 绘制自喷立管

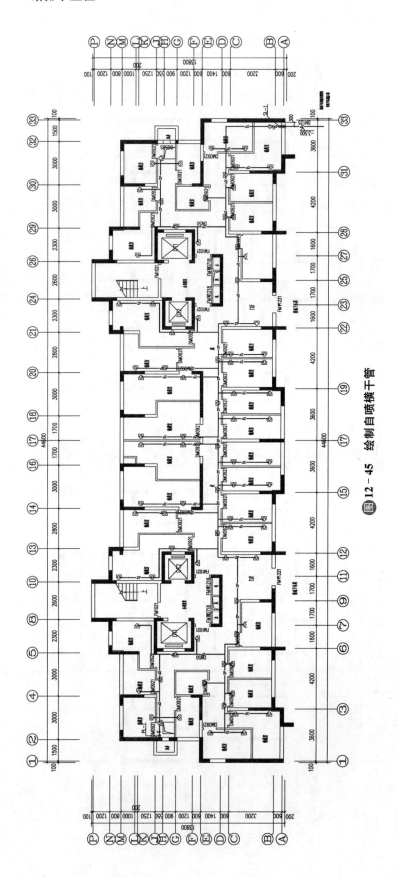

图 12—45 绘制自喷横干管

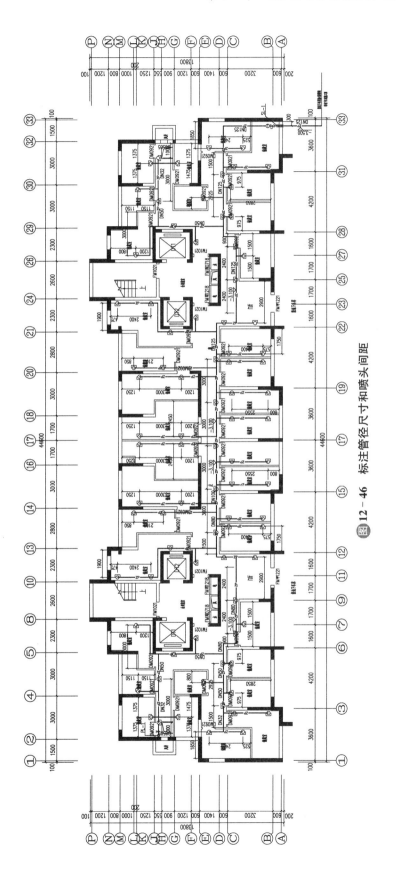

图 12-46　标注管径尺寸和喷头间距

12.4　管线系统图绘制

▶ 12.4.1　基本操作

软件"系统"菜单中的命令可以创建给排水系统图,如喷洒系统图、消防系统图,还可以插入系统块,如通气帽、检查口、消火栓等。本节介绍由平面管线信息自动生成给水、排水、消防、喷淋等系统的方法,主要调用【系统生成】命令来实现。另外,还有专门的命令来创建指定类型的系统图,如调用【喷洒系统】命令,可以创建喷洒系统图,调用【消防系统】命令,可以生成消防系统图。

1. 系统图生成

调用【系统生成】命令,可以在管线平面图的基础上生成指定类型的系统图.在命令行中输入"XTSC"命令并按<Enter>键,或者执行【系统】—【系统生成】命令。在【平面图生成系统图】对话框中可以看出,软件提供了管线类型、比例、多层系统、单层系统、绘制楼板等选项可以方便设计师绘图选择。管线类型中可以选择平面图绘制过程中设置好的管线,可以生成单个类型的管线系统图也可以在下拉菜单下选择多系统,这在绘制给水、热水系统或污水、通气管系统时会非常方便;另外通过添加和删除楼层,软件可以直接生成多个楼层的管道系统图,大大提高了系统图的绘制效率,当然前提是前面的洁具定义要完整,平面图绘制要详细。设置系统图的参数,单击【确定】按钮即可完成相应系统图绘制,如图 12-47 所示。

图 12-47　平面图生成系统图对话框

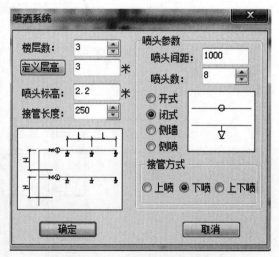

图 12-48　喷洒系统对话框

2. 喷洒系统

调用【喷洒系统】命令,通过在【喷洒系统】对话框中设置参数来生成喷洒系统图。在命令行中输入"PSXT"命令并按<Enter>键,或者执行【系统】—【喷洒系统】命令,在【喷洒系统】对话框中提供了楼层数、定义层高、接管长度、喷头参数等相关信息,根据需要设置完相关参数后单击【确定】按钮,并点取系统图位置,即可生成喷淋系统原理图,如图 12 - 48 所示。

3. 消防系统

调用【消防系统】命令,通过在【消火栓系统】对话框中设置参数来生成消防系统图,在命令行中输入"XFXT"命令并按<Enter>键,或者执行【系统】—【消防系统】命令,在【消火栓系统】对话框中软件提供了楼层数、定义层高、接管方式、接管长度等相关信息,根据需要设置完相关参数后单击【确定】按钮,并点取系统图位置,即可生成消火栓系统原理图,如图 12 - 49 所示。

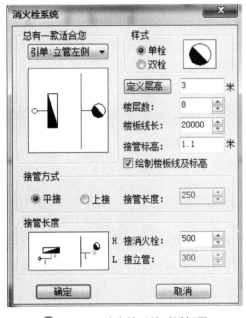

图12 - 49 消火栓系统对话框图

图12 - 50 绘制污水展开图对话框

4. 排水原理

在命令行中输入"WSYL"命令并按<Enter>键,或者执行【系统】—【排水原理】命令,打开【绘制污水展开图】对话框,软件提供了定义层高、楼层数、接管长度、通气形式、排水计算参数等相关信息,根据需要设置完相关参数后单击【确定】按钮,并点取系统图位置,即可生成污水原理图,如图 12 - 50 所示。

5. 住宅给水

调用【住宅给水】命令,通过在【绘制住宅给水原理图】对话框中设置参数来生成给水原理图,在命令行中输入"GSYL"命令并按<Enter>键,或者执行【系统】—【给水原理】命令,打开【绘制住宅给水原理图】对话框,软件提供了定义层高、楼层数、接管长度、多立管、给水计算参数等相关信息,根据需要设置完相关参数后单击【确定】按钮,并点取系统图位置,即可生成给水原理图,如图 12 - 51 所示。

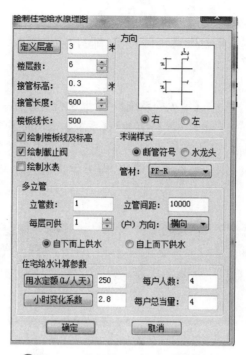

图 12-51　绘制住宅给水原理图对话框

12.4.2　给排水系统图绘制

1. 给水系统图绘制

天正给排水系统生成命令可以方便地对平面图进行转化,执行【系统】—【系统生成】命令,选择给水管道,角度 45 度,勾选绘制楼板线,点击直接生成单层系统图,框选管线生成范围,效果如图 12-52 所示。

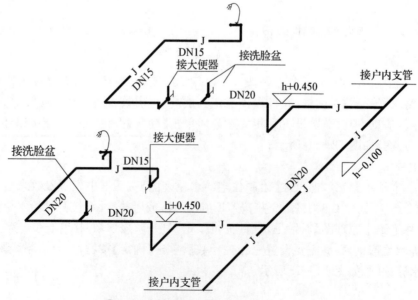

图 12-52　绘制住宅给水系统图(大样图)

执行【系统】—【住宅给水】命令,定义层高为 3.0 m,楼层数 18 层,勾选绘制楼板线和标高、绘制截止阀和水表,选择自下而上供水,单击【确定】按钮完成给水系统原理图生成,效果如图 12-53 所示。

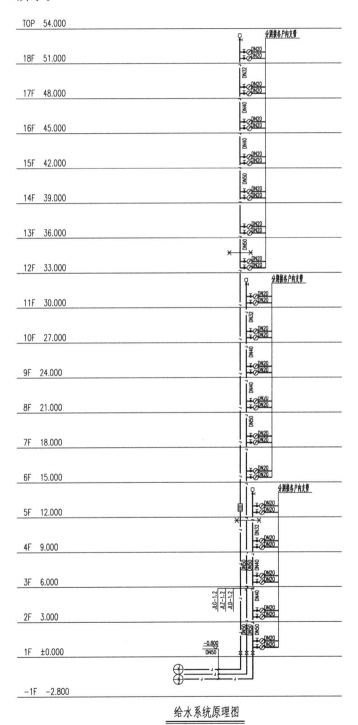

给水系统原理图

图12-53　绘制住宅给水系统图

2. 热水系统图绘制

执行【系统】—【系统生成】命令,选择热水管道,角度 45 度,勾选绘制楼板线,点击直接生成单层系统图,框选管线生成范围,绘制效果如图 12－54 所示。

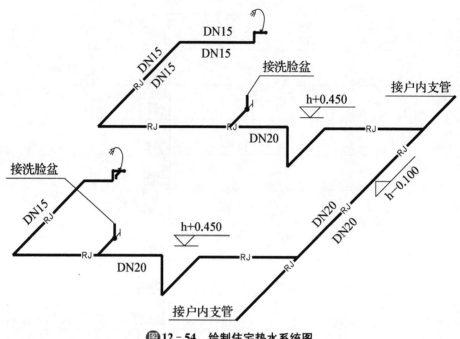

图 12－54　绘制住宅热水系统图

3. 排水系统图绘制

执行【系统】—【系统生成】命令,选择污水管道,角度 45 度,勾选绘制楼板线,点击直接生成单层系统图,框选管线生成范围,绘制效果如图 12－55 所示。

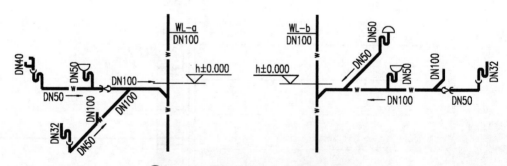

图 12－55　绘制住宅排水系统图(大样图)

执行【系统】—【排水原理】命令,定义层高为 3.0 m,楼层数 18 层,接管长度 400 mm,检查口每隔两层设置,伸顶通气帽选择成品,勾选绘制楼板线,单击【确定】按钮完成排水系统原理图生成,效果如图 12－56 所示。

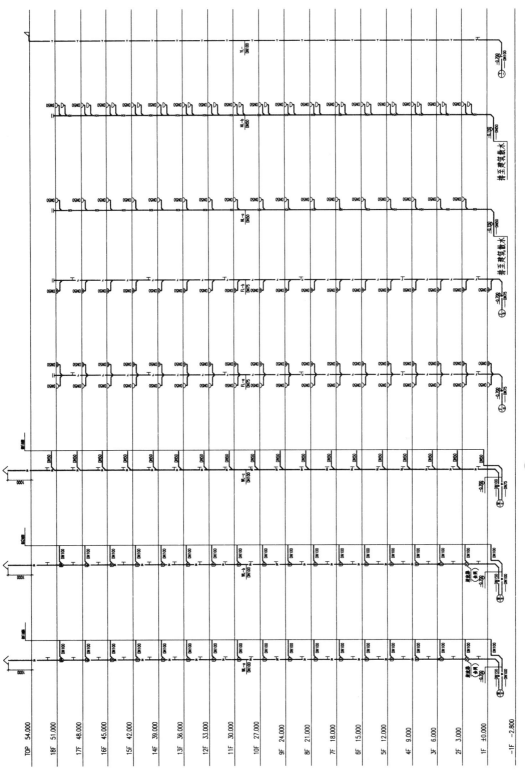

图 12 - 56　绘制住宅排水系统图

4. 消火栓系统图绘制

执行【系统】—【消火栓系统】命令,定义层高为 3.0 m,楼层数 18 层,地下 2 层,立管左侧接管,样式为双栓,接管方式平接,接消火栓横管长度 500 mm,勾选绘制楼板线,单击【确定】按钮完成消火栓系统原理图生成,然后调整地下 2 层,消火栓垂直位置,效果如图 12-57 所示。

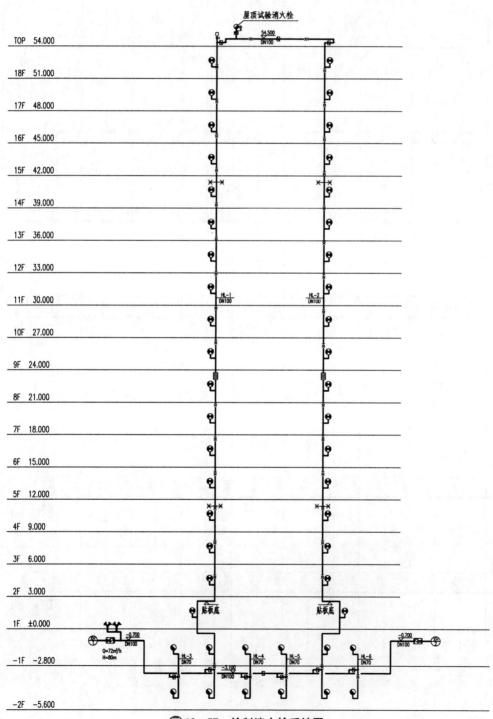

图 12-57 绘制消火栓系统图

5. 自喷系统图绘制

执行【系统】—【喷淋系统】命令,定义层高为 3.0 m,只有地下 2 层设置自动喷水灭火系统,所以层数为 2 层,接管长度 250,喷头高度 2.2 m,喷头间距 1 000,喷头数 6,侧墙型喷头,接管方式下喷,勾选绘制楼板线,单击【确定】按钮完成自喷系统原理图生成,效果如图 12－58 所示。

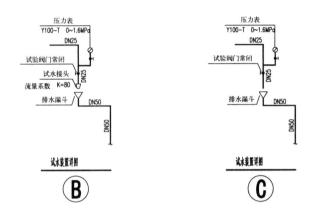

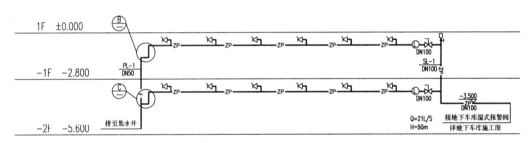

图 12－58　绘制自喷系统图

思考与练习

12－1　简述建筑给水平面图的绘图步骤。

12－2　简述建筑排水平面图的绘图步骤。

12－3　简述消防系统图的绘图步骤。

12－4　简述自喷系统图的绘图步骤。

附录　常见问题解答

1. 问：为什么输入数值或命令时无效，命令提示行显示"需要点或选项关键字"？

答：因为没有关掉中文输入。

2. 问：为什么点画线、虚线不显示其线型，反而显示为直线？

答：因为没有设置合适的 LTS 值。LTS 就是线型比例因子，是 LTSCALE 的缩写，线型比例因子设置的不合适，就不显示其线型。可以测量一下直线的长度，数值大的直线，LTS 设置为一个较大的值，如果直线长度数值较小，LTS 可以设置为小于 1 的值。

3. 问：我画的图缩放以后找不到了怎么办？

答：双击鼠标中间的滚轴，或者点击"视图"→"缩放"→"范围"（或"全部"）就可以把全部图形显示到当前屏幕中并显示为最大状态。

4. 问：如何在屏幕中平移图形？

答：按住鼠标中间的滚轴移动鼠标，就可以平移调整图形在屏幕中的位置。

5. 问：图线为什么绘制不出来？

答：检查图层是否关闭或冻结了，检查图形界限是否为 ON 状态了。

6. 问：为什么图线的颜色或线型等不随图层更改？

答：因为绘图时在"特性"中没有设为 ByLayer。

7. 问：为什么鼠标在屏幕中总是跳着走？

答：因为开启了状态行栅格旁边的捕捉。

8. 问：为什么输入的文字显示为问号"?"？

答：因为设置的文字样式中的字体不合适，换一种字体就好了。

9. 问：为什么我标注的尺寸不显示？

答：不是不显示，是字太小了。打开标注样式管理器，修改当前样式中的调整选项卡中的全局比例，改为一个合适的值，这个值一般是出图时的比例值。

10. 问：图线画得有点偏差，可是已经不好修改了，尺寸标注怎么办？

答：可以在标注尺寸时，引出尺寸界限后，输入"T"，修改尺寸数字的内容。

11. 问：有些图线为什么打印不出来？

答：因为把这些图线所在的图层设置为不打印了，或者把这些图线绘制在了 Defpoints 图层，Defpoints 这个图层是不打印的。

12. 问:绘图时图形都是 1∶1 绘制的,出图时比例怎么确定?

答:根据绘制的图形大小选择合适的图幅,图幅放大多少倍能框住绘制的图形,比例就是多少。例如 A2 图幅放大 100 倍框住了绘制的图形,出图时选择 A2 图纸打印,就等于把图缩小到原尺寸的 1/100 倍放到 A2 图纸上,比例就是 1∶100。

参考文献

［1］王晓燕,杨静. 环境工程 CAD[M]. 北京:高等教育出版社,2019.

［2］陈晓东,矫健. AutoCAD 2016 全套建筑施工图设计案例详解[M]. 北京:电子工业出版社,2017.

［3］龙马高新教育. AutoCAD 2016 从新手到高手[M]. 北京:人民邮电出版社,2016.

［4］胡春红,冯国雨. AutoCAD 2020 入门、精通与实战[M]. 北京:电子工业出版社,2020.

［5］王翠萍. AutoCAD 2019 从入门到精通[M]. 北京:中国青年出版社,2019.

［6］中华人民共和国住房和城乡建设部.房屋建筑制图统一标准:GB 50001—2017[S]. 北京:中国建筑工业出版社,2017.

［7］中华人民共和国住房和城乡建设部.建筑给水排水制图标准:GB/T 50106—2010[S].北京:中国建筑工业出版社,2010.

［8］中华人民共和国住房和城乡建设部. 建筑给水排水设计标准:GB 50015—2019[S]. 北京:中国计划出版社,2019.